中文版
Photoshop CC
基础教程

▶ ▶ ▶ ▶

凤凰高新教育　邓多辉◎编著

北京大学出版社
PEKING UNIVERSITY PRESS

图书在版编目(CIP)数据

中文版Photoshop CC基础教程 / 邓多辉编著. — 北京：
北京大学出版社，2016.12
ISBN 978-7-301-27622-8

Ⅰ.①中… Ⅱ.①邓… Ⅲ.①图象处理软件—教材 Ⅳ.①TP391.41

中国版本图书馆CIP数据核字(2016)第235013号

内容提要

Photoshop CC 是一款功能强大的图像处理软件，被广泛应用于广告设计、婚纱影楼、游戏设计、效果图后期处理、特效制作等相关行业领域。

本书以案例为引导，系统全面地讲解了Photoshop CC图像处理的相关功能与技能应用。全书内容包括Photoshop CC图像处理的基础知识、Photoshop CC图像处理入门操作、图像选区的创建与编辑、图像的绘制与修饰、图层的基本应用、蒙版和通道的技术运用、路径的绘制与编辑、文字的输入与编辑、图像的色彩调整、滤镜的应用方法、图像输出与处理自动化，本书第12章还安排了商业案例实训，可以提升读者Photoshop图像处理与设计的综合实战技能水平。

全书内容安排由浅入深，语言写作通俗易懂，实例题材丰富多样，每个操作步骤的介绍都清晰准确。特别适合计算机培训学校作为相关专业的教材用书。同时也可作为广大Photoshop初学者、设计爱好者的学习参考书。

书　　　名	**中文版Photoshop CC基础教程**	
	ZHONGWEN BAN Photoshop CC JICHU JIAOCHENG	
著作责任者	凤凰高新教育　邓多辉　编著	
责 任 编 辑	尹　毅	
标 准 书 号	ISBN 978-7-301-27622-8	
出 版 发 行	北京大学出版社	
地　　　址	北京市海淀区成府路205 号　100871	
网　　　址	http://www.pup.cn　　新浪微博：@ 北京大学出版社	
电 子 信 箱	编辑部 pup7@pup.cn　总编室 zpup@pup.cn	
电　　　话	邮购部62752015　发行部62750672　编辑部62580653	
印 刷 者	河北滦县鑫华书刊印刷厂	
经 销 者	新华书店	
	787毫米×1092毫米　16开本　22.25印张　446千字	
	2016年12月第1版　2023年8月第12次印刷	
印　　　数	26001—28000册	
定　　　价	45.00元	

Adobe Photoshop CC 是 Adobe 公司旗下最为出名的图像处理软件之一，集图像扫描、编辑修改、动画制作、广告设计、合成创意、特效制作等于一体的图像处理软件，深受广大平面设计人员和图像处理爱好者的青睐。

本书内容介绍

本书以案例为引导，系统全面地讲解了 Photoshop CC 图像处理的相关功能与技能应用。全书内容包括 Photoshop CC 图像处理的基础知识、Photoshop CC 图像处理入门操作、图像选区的创建与编辑、图像的绘制与修饰、图层的基本应用、蒙版和通道的技术运用、路径的绘制与编辑、文字的输入与编辑、图像的色彩调整、滤镜的应用方法、图像输出与处理自动化，最后还安排了一章商业案例实训，通过本章学习，可以提升读者的 Photoshop CC 图像处理与设计的综合实战技能水平。

全书内容共分 12 章，具体内容如下。

第 1 章　Photoshop CC 图像处理基础知识	第 2 章　Photoshop CC 图像处理入门操作
第 3 章　图像选区的创建与编辑	第 4 章　图像的绘制与修饰
第 5 章　图层的基本应用	第 6 章　蒙版和通道的技术运用
第 7 章　路径的绘制与编辑	第 8 章　文字的输入与编辑
第 9 章　图像的色彩调整	第 10 章　滤镜的应用方法
第 11 章　图像输出与处理自动化	第 12 章　商业案例实训
附录 A　Photoshop CC 工具与快捷键索引	附录 B　Photoshop CC 命令与快捷键索引
附录 C　下载、安装和卸载 Photoshop CC	附录 D　综合上机实训题
附录 E　知识与能力总复习题 1	
附录 F　知识与能力总复习题 2	
附录 G　知识与能力总复习题 3	

本书相关特色

全书内容安排由浅入深，语言通俗易懂，实例题材丰富多样，每个操作步骤的介绍都清晰准确，特别适合计算机培训学校作为相关专业的教材用书。同时，也可作为广大 Photoshop 初学者、设计爱好者的学习参考用书。

本书内容全面，轻松易学，内容翔实。在写作方式上，采用"步骤讲述＋配图说明"

的方式进行编写，操作简单明了，浅显易懂。本书配有下载资源，包括本书中所有案例的素材文件与最终效果文件。同时还配有与书中内容同步讲解的多媒体教学视频，让读者能轻松学会 Photoshop CC 的图像处理技能。

本书案例丰富，实用性强。全书安排了 33 个"课堂范例"，帮助初学者认识和掌握相关工具、命令的实战应用；安排了 33 个"课堂问答"，帮助初学者排解学习过程中遇到的疑难问题；安排了 11 个"上机实战"和 11 个"同步训练"的综合例子，提升初学者的实战技能水平；并且每章后面都安排有"知识能力测试"的习题，认真完成这些测试习题，可以帮助初学者巩固所学内容（提示：相关习题答案在下载资源中）。

本书知识结构图

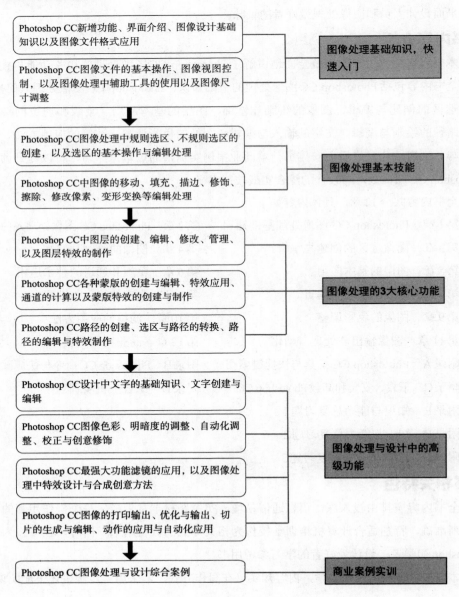

教学课时安排

本书综合了 Photoshop CC 软件的功能应用，现给出本书教学的参考课时（共 68 个课时），主要包括老师讲授 42 课时和学生上机实训 26 课时两部分，具体如下表所示。

章节内容	课时分配	
	老师讲授	学生上机
第 1 章　Photoshop CC 图像处理基础知识	1	0
第 2 章　Photoshop CC 图像处理入门操作	1	1
第 3 章　图像选区的创建与编辑	4	2
第 4 章　图像的绘制与修饰	6	3
第 5 章　图层的基本应用	5	3
第 6 章　蒙版和通道的技术运用	4	2
第 7 章　路径的绘制与编辑	3	2
第 8 章　文字的输入与编辑	2	2
第 9 章　图像的色彩调整	4	2
第 10 章　滤镜的应用方法	5	3
第 11 章　图像输出与处理自动化	2	1
第 12 章　商业案例实训	5	5
合　　计	42	26

下载资源说明

本书附赠下载资源，具体内容如下。

一、素材文件

指本书中所有章节实例的素材文件。全部收录在下载资源的"素材文件"文件夹中。读者在学习时，可以参考图书内容，打开对应的"素材文件"文件夹进行同步操作练习。

二、结果文件

指本书中所有章节实例的最终效果文件。全部收录在下载资源的"结果文件"文件夹中。读者在学习时，可以打开"结果文件"文件夹，查看其实例效果，为自己在学习中的练习操作提供帮助。

三、视频教学文件

本书为读者提供了长达 350 分钟与书同步的视频教程。读者可以通过相关的视频播放软件（Windows Media Player、暴风影音等）打开每章中的视频文件进行学习。并且每个视频都有语音讲解，非常适合无基础的读者学习。

四、PPT 课件

本书为教师们提供了非常方便的 PPT 教学课件，方便教师教学使用。

五、习题答案

下载资源中的"习题答案汇总"文件，主要为教师及读者提供了每章后面的"知识能力测试"的参考答案，以及本书"知识与能力总复习题"的参考答案。

六、其他赠送资源

本书为了提高读者对软件的实际应用，综合整理了"设计软件在不同行业中的学习指导"，方便读者结合其他软件灵活掌握设计技巧、学以致用。同时，本书还赠送《高效能人士效率倍增手册》，帮助读者提高工作效率。

温馨提示

请用微信扫描下方二维码，关注微信公众号，在对话框输入代码 Ht10B63E，获取学习资源的下载地址及密码。

创作者说

在本书的编写过程中，我们竭尽所能地为您呈现最好、最全的实用功能，但仍难免有疏漏和不妥之处，敬请广大读者不吝指正。若您在学习过程中产生疑问或有任何建议，可以通过 E-mail 或 QQ 群与我们联系。

投稿信箱：pup7@pup.cn

CONTENTS 目 录

第1章 Photoshop CC图像处理基础知识

1.1 认识Photoshop CC 2
　1.1.1 Photoshop CC 的概述 2
　1.1.2 Photoshop CC 的新增功能 2
　1.1.3 Photoshop CC 的应用领域 3

1.2 Photoshop CC 界面介绍 4
　1.2.1 菜单栏 4
　1.2.2 工具选项栏 5
　1.2.3 工具箱 5
　1.2.4 图像窗口 6
　1.2.5 状态栏 6
　1.2.6 浮动面板 7

1.3 图像基础知识 8
　1.3.1 位图 8
　1.3.2 矢量图 8
　1.3.3 图像分辨率 9

1.4 常用图像文件格式 9
　1.4.1 PSD 文件格式 9
　1.4.2 TIFF 文件格式 9
　1.4.3 BMP 文件格式 9
　1.4.4 GIF 文件格式 9
　1.4.5 JPEG 文件格式 10
　1.4.6 EPS 文件格式 10
　1.4.7 Raw 文件格式 10
　📖 课堂范例——转换图像文件格式 10
　👤 课堂问答 12

问题❶：如何使用 Photoshop CC 帮助
　　　　功能，并下载扩展功能？ 12
问题❷：如何正确设置图像分辨率？ 12
问题❸：哪些文件格式可以存储
　　　　图层？ 12
🖼 上机实战——调整图像分辨率 12
🌐 同步训练——恢复默认操作界面 14
📗 知识能力测试 14

第2章 Photoshop CC图像处理入门操作

2.1 文件的基本操作 17
　2.1.1 新建图像文件 17
　2.1.2 打开图像文件 17
　2.1.3 置入图像文件 18
　2.1.4 存储图像文件 18
　2.1.5 关闭图像文件 19
　📖 课堂范例——置入EPS图像并保存
　新图像 19

2.2 图像视图控制 21
　2.2.1 排列图像窗口 21
　2.2.2 改变窗口大小 22
　2.2.3 切换图像窗口 23
　2.2.4 切换不同的屏幕模式 23
　2.2.5 缩放视图 24
　2.2.6 平移视图 24
　2.2.7 旋转视图 25
　📖 课堂范例——综合调整图像视图 25

2.3 辅助工具 26
 2.3.1 标尺的使用 26
 2.3.2 参考线的使用 27
 2.3.3 智能参考线的使用 27
 2.3.4 网格的使用 27
 2.3.5 标尺工具 28
📖 课堂范例——调整辅助工具默认参数 28

2.4 图像尺寸调整 29
 2.4.1 调整图像大小 29
 2.4.2 调整画布大小 30
📖 课堂范例——水平旋转画布 30
✎ 课堂问答 31
 问题❶：如何以固定角度旋转画布？ ..31
 问题❷：如何应用吸附功能自动
   定位？ 31
 问题❸：如何新建视图窗口？ 33
🖼 上机实战——调整画面构图 34
🌐 同步训练——设置暂存盘 36
✐ 知识能力测试 37

第3章　图像选区的创建与编辑

3.1 创建规则选区 40
 3.1.1 矩形选框工具 40
 3.1.2 椭圆选框工具 40
 3.1.3 单行、单列选框工具 40
 3.1.4 选区工具选项栏 41
📖 课堂范例——制作卡通相框 41

3.2 创建不规则选区 42
 3.2.1 套索工具 42
 3.2.2 多边形套索工具 43
 3.2.3 磁性套索工具 44
 3.2.4 魔棒工具 45
 3.2.5 快速选择工具 45
 3.2.6 【色彩范围】命令 46
📖 课堂范例——更改花蕊色调 46

3.3 选区的基本操作 47
 3.3.1 全部选择 47
 3.3.2 取消选择 47
 3.3.3 重新选择 48
 3.3.4 反向选择 48
 3.3.5 移动选区 48
 3.3.6 隐藏选区 49
 3.3.7 变换选区 49

3.4 选区的编辑 49
 3.4.1 扩大选取 49
 3.4.2 选取相似 49
 3.4.3 选区修改 50
 3.4.4 细化选区 51
 3.4.5 填充和描边选区 51
 3.4.6 存储和载入选区 52
📖 课堂范例——为背景填充图案 53
✎ 课堂问答 55
 问题❶：羽化选区时，为何选区
   自动消失了？ 55
 问题❷：变换图像和变换选区
   有什么异同？ 55
 问题❸：【重新选择】和【存储选区】
   命令的适用范围？ 55
🖼 上机实战——为图像添加心形光 ... 56
🌐 同步训练——为泛舟场景添加装饰 ... 59
✐ 知识能力测试 60

第4章　图像的绘制与修饰

4.1 图像的移动和裁剪 63
 4.1.1 图像的移动 63
 4.1.2 图像的裁剪 64
 4.1.3 图像的透视裁剪 65
📖 课堂范例——制作透视特写效果 65

4.2 设置颜色 66
 4.2.1 前景色和背景色 66

4.2.2 拾色器 66
4.2.3 吸管工具 67
4.2.4 颜色面板 68

4.3 绘制图像 **68**
4.3.1 画笔工具 68
4.3.2 铅笔工具 71
4.3.3 颜色替换工具 72
4.3.4 混合器画笔工具 73

📖 **课堂范例——绘制抽象翅膀** **74**

4.4 填充和描边 **75**
4.4.1 油漆桶工具 75
4.4.2 渐变工具 76
4.4.3 【填充】命令 80
4.4.4 【描边】命令 80

📖 **课堂范例——炫色眼睛特效** **80**

4.5 修饰图像 **81**
4.5.1 污点修复画笔工具 81
4.5.2 修复画笔工具 82
4.5.3 修补工具 83
4.5.4 红眼工具 84
4.5.5 内容感知移动工具 85
4.5.6 仿制图章工具 85
4.5.7 图案图章工具 86

📖 **课堂范例——眼镜中的世界** **87**

4.6 擦除图像 **89**
4.6.1 橡皮擦工具 89
4.6.2 背景橡皮擦工具 90
4.6.3 魔术橡皮擦工具 90

4.7 修改像素 **91**
4.7.1 模糊与锐化工具 91
4.7.2 减淡与加深工具 91
4.7.3 涂抹工具 92
4.7.4 海绵工具 92

📖 **课堂范例——使花朵更加鲜艳** **92**

4.8 历史记录工具 **93**

4.8.1 历史记录画笔工具 93
4.8.2 历史记录艺术画笔工具 94

📖 **课堂范例——制作艺术抽象画效果**............**94**

4.9 图像的变换与变形 **95**
4.9.1 变换中心点 95
4.9.2 缩放变换 95
4.9.3 旋转变换 96
4.9.4 斜切变换 96
4.9.5 扭曲变换 96
4.9.6 透视变换 97
4.9.7 变形对象 97
4.9.8 操控变形 98

📖 **课堂范例——调整天鹅肢体动作** ...**98**

👤 **课堂问答** **99**
问题❶：如何将前景色添加到
色板中？ 99
问题❷：使用【历史记录画笔工具】 ✐
恢复图像失败是什么原因？ ..99
问题❸：如何吸取窗口其他区域的
颜色值？ 99

🖼 **上机实战——为图像添加装饰效果**...**100**

🌐 **同步训练——为人物添加艳丽妆容**.........**103**

✏ **知识能力测试** **105**

第5章 图层的基本应用

5.1 图层的基础知识 **107**
5.1.1 认识图层的功能作用 107
5.1.2 熟悉图层面板 107

5.2 图层的基础操作 **108**
5.2.1 创建图层 108
5.2.2 重命名图层 108
5.2.3 选择图层 109
5.2.4 复制和删除图层 109
5.2.5 显示与隐藏图层 110
5.2.6 调整图层顺序 111

5.2.7 链接和取消图层 112
5.2.8 锁定图层 112
5.2.9 栅格化图层 112
5.2.10 合并图层 113
5.2.11 对齐和分布图层 114

📖 课堂范例——添加小花装饰 115

5.3 图层组的应用 116
5.3.1 创建图层组 116
5.3.2 取消图层组 117
5.3.3 删除图层组 117

5.4 图层不透明度和混合模式 117
5.4.1 图层不透明度 117
5.4.2 图层混合模式 118

📖 课堂范例——浪漫花海场景 118

5.5 图层样式 120
5.5.1 添加图层样式 120
5.5.2 混合选项 121
5.5.3 斜面和浮雕 121
5.5.4 描边 122
5.5.5 内阴影 122
5.5.6 内发光 123
5.5.7 光泽 123
5.5.8 【颜色叠加】【渐变叠加】和
【图案叠加】 124
5.5.9 外发光 124
5.5.10 投影 124
5.5.11 图层样式的编辑 125

📖 课堂范例——制作艺术轮廓 126

5.6 图层的其他应用 129
5.6.1 创建剪贴蒙版图层 129
5.6.2 填充图层 130
5.6.3 创建调整图层 131
5.6.4 创建智能对象图层 131
5.6.5 创建图层复合 132

👤 课堂问答 132
问题❶：如何查找和隔离图层？ 133

问题❷：【样式】面板有什么作用？ ..133
问题❸：调整图层有什么作用？ 134

📦 上机实战——合成翱翔的女巫 134
🌐 同步训练——合成场景并设置展示方案 138
✎ 知识能力测试 141

第6章 蒙版和通道的技术运用

6.1 蒙版基本操作 143
6.1.1 创建快速蒙版 143
6.1.2 【蒙版】面板 143
6.1.3 图层蒙版 144

📖 课堂范例——笑魇如花 146
6.1.4 矢量蒙版 147

📖 课堂范例——月牙边框 148
6.1.5 剪贴蒙版 150

📖 课堂范例——制作可爱头像效果 150

6.2 认识通道 152
6.2.1 通道类型 152
6.2.2 通道面板 153

6.3 通道的基本操作 154
6.3.1 选择通道 154
6.3.2 新建 Alpha 通道 154
6.3.3 复制通道 154
6.3.4 显示和隐藏通道 154
6.3.5 重命名通道 155
6.3.6 删除通道 155
6.3.7 通道和选区的转换 155
6.3.8 分离和合并通道 156

📖 课堂范例——绿叶变枯叶 156

6.4 通道的计算 158
6.4.1 【应用图像】命令 158
6.4.2 【计算】命令 159

📖 课堂范例——蒙太奇效果 159
👤 课堂问答 160
问题❶：在【应用图像】对话框中的

【源】下拉列表框中，为什么找
不到需要混合的文件？ ……….160

问题❷：如何创建专色通道？ …….160

问题❸：在【图层】面板中，如何简单区
别矢量蒙版和图层蒙版？ …162

🖼 上机实战——为人物添加白色婚纱 …..162

🌐 同步训练——制作浪漫的场景效果 ….165

✏ 知识能力测试 ……………………166

第7章 路径的绘制与编辑

7.1 了解路径 ………………… 169
7.1.1 什么是路径 …………………169
7.1.2 路径面板 ……………………169
7.1.3 绘图模式 ……………………170

7.2 绘制路径 ………………… 171
7.2.1 钢笔工具 ……………………171
7.2.2 自由钢笔工具 ………………173
7.2.3 绘制预设路径 ………………174

📚 课堂范例——绘制红星效果 …….176

7.3 【路径】的编辑 ……………178
7.3.1 选择与移动锚点 ……………178
7.3.2 添加和删除锚点 ……………178
7.3.3 转换锚点类型 ………………179
7.3.4 路径合并 ……………………180
7.3.5 变换路径 ……………………180
7.3.6 描边和填充路径 ……………181
7.3.7 路径和选区的互换 …………182
7.3.8 复制路径 ……………………182
7.3.9 隐藏和显示路径 ……………182
7.3.10 调整路径顺序 ……………182

📚 课堂范例——为卡通小猴添加眼睛和
尾巴 ……………………………182

💬 课堂问答 ………………………187
问题❶：如何创建剪贴路径？ …….187
问题❷：绘制圆角矩形后，还可以修改

该图形的半径值吗？ ….188
问题❸：如何预览路径走向？ …….188

🖼 上机实战——更换图像背景 ……….189

🌐 同步训练——为图像添加装饰物 ….193

✏ 知识能力测试 ……………………195

第8章 文字的输入与编辑

8.1 文字基础知识 …………… 198
8.1.1 文字类型 ……………………198
8.1.2 文字工具选项栏 ……………198

8.2 创建文字 ………………… 199
8.2.1 创建点文字 …………………199
8.2.2 创建段落文字 ………………199
8.2.3 创建文字选区 ………………200

8.3 编辑文字 ………………… 201
8.3.1 【字符】面板 ………………201
8.3.2 【段落】面板 ………………202
8.3.3 点文字和段落文字的互换 …203
8.3.4 文字变形 ……………………203
8.3.5 栅格化文字 …………………203
8.3.6 创建路径选区 ………………204
8.3.7 将文字转换为工作路径 ……204
8.3.8 将文字转换为形状 …………205

📚 课堂范例——制作图案文字效果 …….205

8.4 文字的其他操作 …………… 206
8.4.1 查找和替换文本 ……………206
8.4.2 拼写检查 ……………………206
8.4.3 更新所有文本图层 …………206
8.4.4 替换所有欠缺字体 …………206

💬 课堂问答 ………………………207
问题❶：如何创建文字占位符？ ……207
问题❷：处于文字编辑状态时，可以移
动文字的位置吗？ ……207
问题❸：制作图像时，如何选择最适合
的字体？ ……………207

上机实战——水漾面膜肌肤最爱
优惠券 207
同步训练——母亲节活动宣传单页 211
知识能力测试 213

第9章 图像的色彩调整

9.1 图像的颜色模式与转换 216
　9.1.1 RGB 颜色模式 216
　9.1.2 CMYK 颜色模式 216
　9.1.3 Lab 颜色模式 216
　9.1.4 位图模式 217
　9.1.5 灰图模式 217
　9.1.6 双色调颜色模式 217
　9.1.7 索引颜色模式 217
　课堂范例——制作双色调模式图像 217

9.2 图像调整辅助知识 219
　9.2.1 颜色取样器 219
　9.2.2 直方图 220

9.3 自动化调整图像 220
　9.3.1 自动色调 220
　9.3.2 自动对比度 220
　9.3.3 自动颜色 221

9.4 图像明暗调整 221
　9.4.1 亮度/对比度 221
　9.4.2 色阶 221
　9.4.3 曲线 222
　9.4.4 曝光度 223
　9.4.5 使用【阴影/高光】命令调亮
　　　　树叶 223
　课堂范例——打造暗角光影效果 223

9.5 图像色彩调整 225
　9.5.1 色相/饱和度 225
　9.5.2 自然饱和度 226

9.5.3 色彩平衡 226
9.5.4 【去色】和【黑白】命令 226
9.5.5 照片滤镜 226
9.5.6 通道混合器 227
9.5.7 使用【替换颜色】命令更改
　　　唇彩颜色 227
9.5.8 可选颜色 228
9.5.9 渐变映射 228
9.5.10 变化 228
9.5.11 颜色查找 228
9.5.12 HDR 色调 228
9.5.13 使用【匹配颜色】命令统一
　　　　色调 229
课堂范例——调整偏色图像 229

9.6 特殊色调调整 231
　9.6.1 反相 231
　9.6.2 阈值 231
　9.6.3 色调分离 232
　9.6.4 色调均化 232

课堂问答 232
　问题①：调整对比度时如何避免
　　　　　偏色？ 232
　问题②：如何从直方图分析图像的
　　　　　影调和曝光情况？ 233
　问题③：如果对效果不满意，如何恢复
　　　　　对话框的默认参数值？ ... 233
上机实战——调出图像的温馨色调 233
同步训练——调出照片的阿宝色调 236
知识能力测试 238

第10章 滤镜的应用方法

10.1 熟悉滤镜库 241
　10.1.1 在【滤镜库】中预览滤镜 241
　10.1.2 创建效果图层并应用滤镜 242

10.1.3 滤镜库中的滤镜命令 243

10.2 独立滤镜的应用 247
10.2.1 自适应广角 247
10.2.2 Camera Raw 滤镜 248
10.2.3 镜头校正滤镜 249
10.2.4 液化 251
10.2.5 油画 252
10.2.6 消失点 252

课堂范例——复制透视对象 253

10.3 滤镜命令的应用 254
10.3.1 【风格化】滤镜组 254
10.3.2 【模糊】滤镜组 255
10.3.3 【扭曲】滤镜组 256
10.3.4 【锐化】滤镜组 257
10.3.5 【视频】滤镜组 258
10.3.6 【像素化】滤镜组 258
10.3.7 【渲染】滤镜组 259
10.3.8 【杂色】滤镜组 260
10.3.9 【其他】滤镜组 260
10.3.10 【Digimarc】滤镜组 261

课堂问答 261
问题❶：智能滤镜有什么优势？ 261
问题❷：如何加快滤镜运行速度？ 261
问题❸：什么是水印？ 262

上机实战——制作极地球面效果 262
同步训练——制作科技蓝眼 264
知识能力测试 266

第11章 图像输出与处理自动化

11.1 图像的打印和输出方法 269
11.1.1 【打印】对话框 269
11.1.2 色彩管理 270
11.1.3 打印标记和函数 271
11.1.4 陷印 271

11.2 网页图像的优化与输出 271
11.2.1 优化图像 271
11.2.2 Web 图像的输出设置 272

11.3 切片的生成与编辑 273
11.3.1 创建切片 273
11.3.2 编辑切片 274
11.3.3 划分切片 274
11.3.4 组合与删除切片 275
11.3.5 转换为用户切片 275

课堂范例——切片的综合编辑 276

11.4 动作应用 277
11.4.1 【动作】面板 277
11.4.2 播放预设动作 277
11.4.3 创建和记录动作 278
11.4.4 重排、复制与删除动作 278

课堂范例——打造颜色聚集效果 279

11.5 自动化应用 279
11.5.1 批处理图像 279
11.5.2 裁剪并修齐图像 280

课堂范例——自动分割多张扫描图像 280
课堂问答 281
问题❶：如何指定动作播放速度？ 281
问题❷：如何在动作中插入菜单
命令？ 282
问题❸：什么是网页安全色？ 282

上机实战——录制为图像添加说明文字
动作 283
同步训练——批处理怀旧图像效果 286
知识能力测试 289

第12章 商业案例实训

12.1 调出图像温馨色调 291
12.2 森林水晶球特效制作 294

12.3 淑女坊女装宣传海报 298

12.4 牛奶包装盒设计 304

12.5 游戏滑块界面设计 311

附录A Photoshop CC 工具与快捷键索引

附录B Photoshop CC 命令与快捷键索引

附录C 下载、安装和卸载 Photoshop CC

附录D 综合上机实训题

附录E 知识与能力总复习题1

附录F 知识与能力总复习题2（内容见下载资源）

附录G 知识与能力总复习题3（内容见下载资源）

第1章
Photoshop CC 图像处理基础知识

Photoshop CC有强大的图像处理功能，广泛应用于平面设计、数码后期、特效制作等领域。本章主要介绍Photoshop CC的新增功能、应用领域和工作界面。系统讲述了图像基础知识和常用图像文件格式。

学习目标

- 了解Photoshop CC的新增功能
- 了解Photoshop CC的应用领域
- 熟悉Photoshop CC的工作界面
- 了解图像处理基础知识
- 了解常用图像文件格式

认识 Photoshop CC

Photoshop可以灵活处理图像，随着Adobe公司的不断推阵出新，Photoshop的功能也在不断完善，在图像处理领域的领头地位更加不可取代。

1.1.1 Photoshop CC的概述

2013年7月，Adobe公司推出最新版本软件Photoshop CC。该版本新增相机防抖功能、Camera Raw修复功能改进、图像提升采样、属性面板改进、Behance集成等功能，以及Creative Cloud，即云功能。

1.1.2 Photoshop CC的新增功能

Photoshop CC的新增功能是最强大的，它是目前Adobe Photoshop的最高版本，下面对这些新功能进行讲解。

1．相机防抖功能

Photoshop新功能的亮点是相机防抖功能，它可以挽救因相机抖动而拍摄失败的照片。无论模糊是由慢速快门还是长焦距造成的，相机防抖功能都能通过分析曲线来恢复其清晰度。

2．Camera Raw修复功能改进

用户可以将Camera Raw所做的编辑以滤镜方式应用到Photoshop内的任何图层或文档中，然后再随心所欲地加以美化。

在最新的Adobe Camera Raw 8中，可以更加精确地修改图片、修正扭曲的透视。用户可以像画笔一样使用"污点去除"工具在想要去除的图像区域进行绘制。

3．Camera Raw径向滤镜

在最新的Camera Raw 8中，可以在图像上创建出圆形的径向滤镜。这个功能可以用来实现多种效果，该功能和所有的Camera Raw调整效果一样，都是无损调整。

4．Camera Raw 自动垂直功能

在Camera Raw 8中，可以利用自动垂直功能轻易地修复扭曲的透视，并且有很多选项可以精确修复透视扭曲的照片。

5．保留细节重采样模式

新的图像提升采样功能可以保留图像细节并且不会因为放大图片而生成噪点。该功能可以将分辨率低的图像放大，使其拥有更优质的印刷效果，或者将一张大尺寸图像放

大到制作海报和广告牌的尺寸。

6. 改进的智能锐化

智能锐化是迄今为止最为先进的锐化技术。该技术会分析图像，能将清晰度最大化的同时将噪点和色斑降到最小，来取得外观自然的高品质画面。它使锐化对象富有质感，有清爽的边缘和丰富的细节。

1.1.3 Photoshop CC 的应用领域

Photoshop CC 应用广泛，是一款功能强大的图像处理软件，可以制作完美的合成图像，也可以修复数码照片，还可以进行精美的图案设计、专业印刷、网页设计等。

1. 平面设计

平面设计的领域很宽广，包括招贴海报、宣传 DM 单、VI 包装、书籍装基本上都需要使用 Photoshop CC 来设计制作。

2. 创意图像

使用 Photoshop CC 可将原本毫无关联的对象有创意地组合在一起，使图像发生改变，体现特殊效果，给人强烈的视觉冲击感。

3. 数码照片处理

Photoshop CC 具有强大的图像修饰功能，如修复人物皮肤上的瑕疵、调整偏色照片等，通过 Photoshop CC 简单操作即可完成。

4. 网页制作

随着网络与人们的关系越来越紧密，人们对网页美观的要求也越来越高。网络在传递信息的同时，也需要有足够的吸引力，网页设计的好坏是至关重要的。

通过 Photoshop CC 不仅可以设计网页的排版布局，还可以优化图像并将其应用于网页上。

5. 插画绘制

Photoshop CC 中包含大量的绘画与调色工具，许多插画作者都会在使用铅笔绘制完成草图后，再使用 Photoshop CC 来填色。近年来流行的像素画也多使用 Photoshop CC 来创作。

6. 绘制或处理三维贴图

在三维软件中，制作出精良的模型，然后，可以在 Photoshop CC 中绘制三维软件无法达到的材质效果。

1.2 Photoshop CC界面介绍

启动Photoshop CC后，单击菜单栏【文件】菜单→单击【打开】命令，打开一张图片，即可进入软件操作界面，下面简单介绍一下Photoshop CC的工作界面，如图1-1所示。

图1-1　Photoshop CC工作界面

❶菜单栏	菜单栏中包含可以执行的各种命令，单击菜单名称即可打开相应的菜单
❷工具选项栏	用来设置工具的各种选项，它会随着所选工具的不同而变换内容
❸工具箱	包含用于执行各种操作的工具，如创建选区、移动图像、绘画、绘图等
❹图像窗口	图像窗口是显示和编辑图像的区域
❺状态栏	可以显示文档大小、文档尺寸、当前工具和窗口缩放比例等信息
❻浮动面板	可以帮助我们编辑图像。有的用来设置编辑内容，有的用来设置颜色属性

1.2.1　菜单栏

在Photoshop CC中，有10个主菜单，每个菜单内都包含一系列的命令，如图1-2所示。主要用于完成图像处理中的各种操作和设置。

文件(F)　编辑(E)　图像(I)　图层(L)　类型(Y)　选择(S)　滤镜(T)　视图(V)　窗口(W)　帮助(H)

图1-2　Photoshop CC菜单栏

温馨提示

如果菜单命令为浅灰色，表示该命令目前处于不能选择状态。如果菜单命令右侧有▶标记，表示该命令下还包含子菜单。如果菜单命令后有"…"标记，则表示选择该命令可以打开对话框，如果菜单命令右侧有字母组合，则表示字母组合为该命令的快捷键。

1.2.2　工具选项栏

在工具箱中选择需要的工具后，在选项栏中可设置工具箱中该工具的相关参数。根据所选工具的不同，所提供的参数项也有所区别，【渐变工具】██选项栏如图1-3所示。

图1-3　【渐变工具】██选项栏

1.2.3　工具箱

初次启动Photoshop CC时，工具箱将显示在屏幕左侧。工具箱将Photoshop CC的功能以图标形式聚集在一起，从工具的形态就可以了解该工具的功能，如图1-4所示。

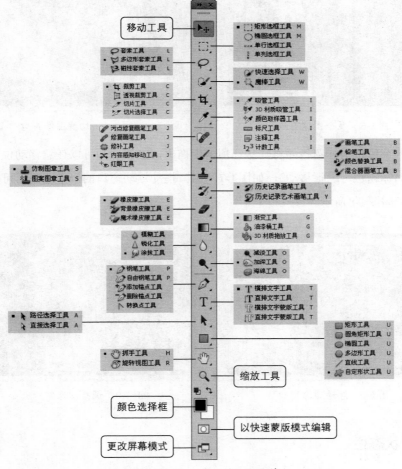

图1-4　Photoshop CC 工具箱

1.2.4　图像窗口

　　在 Photoshop CC 中打开一个图像时，便会创建一个图像窗口。如果打开了多个图像，则各个图像窗口会以选项卡的形式显示，如图1-5所示。单击一个图像的名称，可将其设置为当前操作的窗口，如图1-6所示。

图1-5　多个图像窗口

图1-6　切换图像窗口

　　单击一个窗口的标题栏并将其从选项卡中拖出，它便成为可以任意移动位置的浮动窗口（拖动标题栏可进行移动），如图1-7所示。拖动浮动窗口的一个边角，可以调整窗口的大小，如图1-8所示。

图1-7　浮动图像窗口

图1-8　调整图像窗口大小

1.2.5　状态栏

　　状态栏位于图像窗口底部，它可以显示图像窗口的缩放比例、文档大小、当前使用的工具信息、存储进度等。单击状态栏中的【展开】按钮▶，可在打开的菜单中选择状态栏的显示内容，如图1-9所示。

图1-9 状态栏

1.2.6 浮动面板

浮动面板是特殊功能的集合，常用于设置颜色、工具参数和执行编辑命令。在【窗口】菜单中可以选择需要的面板将其打开。默认情况下，面板以选项卡的形式成组出现，并停靠在窗口右侧，如图1-10所示。用户可根据需要打开、关闭或自由组合面板，如图1-11所示。

在Photoshop CC中，单击任何一个面板右上角的【扩展】按钮▤，均可弹出面板的命令菜单，在大多数情况下，选择面板弹出菜单中的命令能提高操作效率。如图1-12所示为【颜色】面板的菜单。

图1-10 默认面板状态

图1-11 调整面板

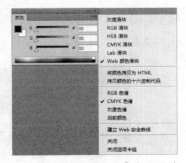

图1-12 面板的【颜色】命令菜单

1.3 图像基础知识

在学习Photoshop CC之前，首先了解一些图像处理专业知识，包括图像分辨率、矢量图和位图概念、图像文件格式等。

1.3.1 位图

位图是由像素组成的，在Photoshop CC中处理图像时，编辑的就是像素。打开一幅图像，使用【缩放工具】在图像上连续单击，直到工具中间的"+"号消失，则表示图像放至最大化，画面中会出现许多彩色小方块，它们便是像素。

受到分辨率的制约，位图包含固定数量的像素，在对其缩放或旋转时，Photoshop CC无法生成新的像素，只能将原有的像素变大以填充多出的空间，产生的效果往往会使清晰的图像变得模糊，也就是我们通常所说的图像变虚了，位图放大前后的对比效果如图1-13所示。

图 1-13　位图放大前后的对比效果

1.3.2 矢量图

矢量图是由点线构成的，只能靠软件生成。矢量图像包含独立的分离图像，可以自由无限制地重新组合。它的特点是放大后图像不会失真，和分辨率无关，文件占用空间较小，适用于图形设计，文字设计和一些标志设计、版式设计等，矢量图放大前后的对比效果如图1-14所示。

图 1-14　矢量图放大前后的对比效果

1.3.3　图像分辨率

图像分辨率和图像大小之间有着密切的关系。图像分辨率越高，所包含的像素越多，图像的信息量就越大，因而文件也就越大。通常文件的大小是以MB（兆字节）为单位的。一般情况下，一个幅面为A4大小的RGB模式的图像，若分辨率为300ppi，则文件大小约为20MB。

1.4　常用图像文件格式

在Photoshop中图像可保存为不同的文件格式，下面学习一下这些不同文件格式的不同作用。

1.4.1　PSD 文件格式

PSD是Photoshop CC默认的文件格式，它可以保留文档中的所有图层、蒙版、通道、路径、未栅格化文字、图层样式等。

1.4.2　TIFF 文件格式

TIFF是一种通用的文件格式，所有的绘画、图像编辑和排版程序都支持该格式。而且，几乎所有的桌面扫描仪都可以产生TIFF图像。

该格式支持具有Alpha通道的CMYK、RGB、Lab、索引颜色和灰度图像，以及没有Alpha通道的位图模式图像。Photoshop CC可以在TIFF文件中存储图层，但是，如果在另一个应用程序中打开该文件，则只有拼合图像是可见的。

1.4.3　BMP 文件格式

BMP是一种用于Windows操作系统的文件格式，主要用于保存位图文件。该格式可以处理24位颜色的图像，支持RGB、位图、灰度和索引模式，但不支持Alpha通道。

1.4.4　GIF 文件格式

GIF是基于网格上传输图像而创建的文件格式，它支持透明背景和动画，被广泛地应用在网格文档中。GIF格式采用LZW无损压缩方式，压缩效果较好。

1.4.5 JPEG文件格式

JPEG是由联合图像专家组开发的文件格式。它采用有损压缩方式，具有较好的压缩效果，但是将压缩品质数值设置较大，会损失掉图像的某些细节。JPEG格式支持RGB、CMYK和灰度模式，不支持Alpha通道。

> **温馨提示**
> JPEG是有损压缩格式，存储文件时会牺牲文件的像素，解决的方法是当完成JPEG图像的编辑后，最好是另存或存储为副本。同时，不要多次保存文件。

1.4.6 EPS文件格式

EPS是为PostScript打印机上输出图像而开发的文件格式，几乎所有的图形、图表和页面排版程序都支持该格式。EPS格式可以同时包含矢量图像和位图图像，支持RGB、CMYK、位图、双色调、灰度、索引和Lab模式，但不支持Alpha通道。

1.4.7 Raw文件格式

Photoshop Raw是一种灵活的文件格式，用于在应用程序与计算机平台之间传递图像。该格式支持具有Alpha通道的CMYK、RGB和灰度模式，以及无Alpha通道的多通道、Lab、索引和双色调模式。

🎬 课堂范例——转换图像文件格式

步骤01 单击【文件】菜单，在打开的下拉列表中，单击【打开】命令，如图1-15所示。在【打开】对话框中，选择目标路径网盘中"素材文件\第1章"，单击"红裙"图像，单击"打开"按钮，如图1-16所示。

图1-15 选择【打开】命令

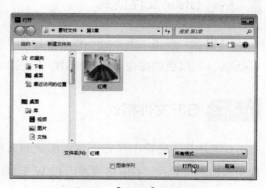

图1-16 【打开】对话框

步骤02　从打开图像窗口的标题栏上可以看出，该图片文件类型为jpg格式，如图1-17所示。

步骤03　单击【文件】菜单，在弹出的下拉列表中，单击【存储为】命令，如图1-18所示。

图1-17　图像格式为jpg

图1-18　选择【存储为】命令

步骤04　在"存储为"对话框中，选择存储路径网盘中"结果文件\第1章"，设置【保存类型】为TIFF（*.TIF,*TIFF），单击【保存】按钮，如图1-19所示。

步骤05　弹出【TIFF选项】对话框。使用默认参数，单击【确定】按钮，如图1-20所示。从图像窗口的标题栏上可以看出，文件格式变为tif格式，如图1-21所示。

图1-19　【存储为】对话框

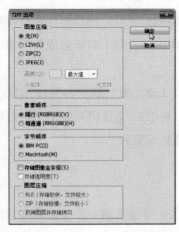

图1-20　【TIFF选项】对话框

图1-21　图像格式为tif

课堂问答

通过本章的讲解，大家对 Photoshop CC 图像处理基础知识有了一定的了解，下面列出一些常见的问题供学习参考。

问题 ❶：如何使用 Photoshop CC 帮助功能，并下载扩展功能？

答：执行【帮助】菜单中的【Photoshop 联机帮助】命令或【Photoshop 支持中心】命令，可以链接到 Adobe 网站的帮助社区查看帮助文件。

Photoshop 帮助文件中还包含 Creative Cloud 教学课程资源库，单击链接地址，可在线观看由 Adobe 专家录制的各种 Photoshop 功能的演示视频，学习其中的技巧和特定的工作流程，还可以获取最新的产品信息、培训、资讯、Adobe 活动和研讨会的邀请函，以及附赠的安装支付、升级通知和其他服务等。

执行【窗口】→【扩展功能】→【Adobe Exchange】命令，可以打开【Adobe Exchange】面板，下载扩展程序、动作文件、脚本、模板及其他可扩展的 Adobe 应用程序项目。

问题 ❷：如何正确设置图像分辨率？

答：图像分辨率和图像大小之间有着密切的关系。图像分辨率越高，所包含的像素越多，图像的信息量就越大，因而文件也就越大。通常文件的大小是以 MB（兆字节）为单位的。

如果图像用于屏幕显示或者网络，可以将分辨率设置为 72 像素/英寸，这样可以减小文件的大小，提高传输和下载速度；如果图像用于喷墨打印机打印，可以将分辨率设置为 100~150 像素/英寸；如果用于印刷，则应设置为 300 像素/英寸。

问题 ❸：哪些文件格式可以存储图层？

答：在 Photoshop CC 中，可以存储图层的格式有 PSD 和 TIFF 两种。

PSD 格式可以支持图层、通道、蒙版和不同色彩模式的各种图像特征，是一种非压缩的原始文件保存格式。扫描仪不能直接生成该种格式的文件。PSD 文件有时容量会很大，但由于可以保留所有原始信息，因此在图像处理中对于尚未制作完成的图像，选用 PSD 格式保存是最佳的选择。

TIFF 格式支持具有 Alpha 通道的 CMYK、RGB、Lab、索引颜色和灰度图像，并支持无 Alpha 通道的位图模式图像。Photoshop CC 可以在 TIFF 文件中存储图层，但是，如果在另一个应用程序中打开该文件，则只有拼合图像是可见的。

上机实战——调整图像分辨率

通过本章的学习，为了让读者能巩固本章知识点，下面讲解一个技能综合案例，使大家对本章的知识有更深入的了解。

效果展示

素材　　　　　　　　　　　　　效果

思路分析

根据情况灵活调整图像的分辨率。既可以避免因文件太大影响效果，又可以防止因分辨率太低影响图像质量。

本例首先打开图像，接下来执行【图像大小】命令，在【图像大小】对话框中，调整图像的分辨率，得到最终效果。

制作步骤

步骤01　打开网盘中"素材文件\第1章\素描人物.jpg"文件，如图1-22所示。

步骤02　执行【图像】→【图像大小】命令，打开【图像大小】对话框，如图1-23所示。

图1-22　原图　　　　　　　　　　　　　图1-23　【图像大小】对话框

步骤03　在【图像大小】对话框中，设置【分辨率】为72像素/英寸，单击"确定"按钮，如图1-24所示。缩小图像分辨率后，图像变小，如图1-25所示。

图1-24　更改图像分辨率　　　　　　　　　图1-25　最终效果

⊕ 同步训练——恢复默认操作界面

通过上机实战案例的学习，为了增强读者的动手能力，下面安排一个同步训练案例，让读者达到举一反三、触类旁通的学习效果。

图解流程

思路分析

初学Photoshop CC时，常会将工作界面弄得混乱，这样的情况下，通常会影响接下来的操作。所以，需要学会快速恢复默认操作界面。

本例首先操作工作界面，使工作界面变乱，接下来操作如何恢复默认工作界面，得到整洁的工作环境。

关键步骤

步骤01 打开网盘中"素材文件\第1章\黄毛.jpg"文件。

步骤02 进入Photoshop CC工作界面后，随意操作，并拖动面板，使操作界面变得混乱。

步骤03 执行【窗口】→【工作区】→【恢复基本功能】命令，恢复默认【基本功能】工作区。

✿ 知识能力测试

本章讲解了Photoshop CC基础知识，为对知识进行巩固和考核，布置相应的练习题。

一、填空题

1. 浮动面板是特殊功能的集合，它常用于_____、_____，以及_____。

2. 在_____年_____月，Adobe 公司正式发布了最新版 Photoshop CC。

3. 在 Photoshop CC 操作界面中，主要包括_____、_____、_____、_____、_____、_____六大栏目版块。

二、选择题

1. 在常用图像文件格式中，哪种文件格式采用有损压缩方式，具有较好的压缩效果。但是会损失掉图像的某些细节。（   ）

    A．AI   B．JPEG   C．PSD   D．TIFF

2. 在 Adobe 公司正式发布的最新版 Photoshop CC 中，新增了（   ）功能，它可以挽救因相机抖动而失败的照片。

    A．相机防抖功能   B．雾化功能

    C．Camera Raw 自动垂直功能   D．保留细节重采样模式

3. Photoshop CC 应用广泛，它是一款功能强大的图像处理软件，可以制作出完美的合成图像，下面哪个领域不属于 Photoshop CC 的应用领域。（   ）

    A．平面设计   B．建筑设计

    C．海报设计   D．包装设计

三、简答题

1. 请简单介绍什么是图像分辨率，图像分辨率和图像大小之间的关系是什么。

2. Photoshop Raw 是一种灵活的文件格式，用于在应用程序与计算机平台之间传递图像，请分析该格式的优势在哪里。

第2章
Photoshop CC图像
处理入门操作

　　基础操作是学习Photoshop CC的重点。本章将具体介绍Photoshop CC的基本操作，包括打开、保存、关闭图像文件，放大缩小图像，使用辅助工具等知识。通过本章的学习，让用户快速入门。

学习目标

- 熟练掌握文件的基本操作
- 熟练掌握视图控制方法
- 熟练掌握辅助工具的应用
- 熟练掌握图像尺寸的调整

文件的基本操作

Photoshop CC的文件基本操作包括新建、打开、置入、导入、导出、保存关闭等，下面将分别进行讲解。

2.1.1　新建图像文件

启动Photoshop CC程序后，默认状态下没有可操作文件，可以根据自己的实际需要新建一个空白文件，具体操作如下。

步骤01　执行【文件】→【新建】命令，打开【新建】对话框，在对话框中输入文件名称，设置文件尺寸、分辨率、颜色模式和背景内容等选项，单击【确定】按钮，如图2-1所示。通过前面的操作，即可创建一个空白文件，新建的文件如图2-2所示。

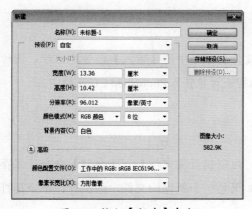

图2-1　执行【新建】命令

图2-2　【新建】对话框

按【Ctrl+N】组合键可以快速打开【新建】对话框。

2.1.2　打开图像文件

对图像进行处理时，首先需要打开目标文件，下面介绍文件的打开方式。

步骤01　执行【文件】→【打开】命令，打开【打开】对话框，选择一个文件，单击【打开】按钮，如图2-3所示。

步骤02　通过前面的操作，或双击文件即可将其打开，如图2-4所示。

图2-3 【打开】对话框

图2-4 打开图像

技 能 拓 展

按【Ctrl+O】组合键，或者在Photoshop CC图像窗口的空白处双击鼠标左键，也可以弹出【打开】对话框进行操作。

2.1.3 置入图像文件

打开或者新建一个文档后，可以使用【文件】菜单中的【置入】命令将照片、图片等位图，以及 EPS、PDF、AI 等矢量文件作为智能对象置入 Photoshop CC 文档中。

2.1.4 存储图像文件

打开一个图像文件并对其进行编辑之后，可以执行【文件】→【存储】命令，保存所做的修改，图像会按照原有的格式存储。如果是一个新建的文件，则执行该命令是打开【另存为】对话框，如图2-5所示。

图2-5 【另存为】对话框

❶保存路径	可以选择图像的保存位置
❷文件名/保存类型	可输入文件名，在"保存类型"下拉列表中选择图像的保存格式
❸作为副本	勾选该项，可另存一个文件副本。副本文件与源文件存储在同一位置
❹注释	可以选择是否存储注释
❺Alpha通道/图层/专色	可以选择是否存储Alpha通道、图层和专色
❻使用校样设置	将文件的保存格式设置为EPS或PDF时，该选项可用，勾选该选项可以保存打印用的校样设置
❼ICC配置文件	可保存嵌入在文档中的ICC配置文件
❽缩览图	为图像创建缩览图后，在"打开"对话框中选择一个图像时，对话框底部会显示此图像的缩览图

技 能 拓 展

　　按【Ctrl+S】组合键可以快速保存文件，该操作会直接替换原文件，如需要另外保存，可以按【Shift+Ctrl+S】组合键，执行【存储为】命令。

2.1.5 关闭图像文件

　　完成图像的编辑后，可以关闭打开的文件，以避免占用内存空间，提高工作效率。选择要关闭的文件：

　　方法01：执行【文件】→【关闭】命令，或者单击文档窗口右上角的▣按钮，可以关闭当前的图像文件。

　　方法02：如果要关闭打开的所有文件，执行【文件】→【关闭全部】命令，就可关闭Photoshop CC中所有打开的文件。

　　方法03：执行【文件】→【退出】命令，或者单击程序窗口右上角的▣按钮，关闭文件并退出Photoshop CC，如果文件没有保存，会弹出一个对话框，询问是否保存文件。

温馨
提示
　　【关闭】命令的快捷键是【Ctrl+W】，【关闭全部】命令的快捷键是【Alt+Ctrl+W】。

课堂范例——置入 EPS 图像并保存新图像

　步骤01　执行【文件】→【打开】命令，打开【打开】对话框，选择素材路径为网盘中"素材文件\第2章"，单击"花环"图像，单击【打开】按钮，如图2-6所示。在

Photoshop CC工作界面中打开图像，如图2-7所示。

图2-6　【打开】对话框　　　　　　　　图2-7　打开图像

步骤02　执行【文件】→【置入】命令，如图2-8所示。在【置入】对话框中，选择素材路径为网盘中"素材文件\第2章"，单击"梅花"图像，单击【置入】按钮，如图2-9所示。

图2-8　执行【置入】命令　　　　　　　图2-9　【置入】对话框

步骤03　置入图像效果如图2-10所示。按【Enter】键确认置入，如图2-11所示。选择【移动工具】，拖动梅花到左侧适当位置，如图2-12所示。

图2-10　置入图像　　　图2-11　确认置入　　　图2-12　移动图像

步骤04　执行【文件】→【另存为】命令，设置存储路径为网盘中"结果文件\第2章"，使用默认文件名和保存类型，单击【保存】按钮，如图2-13所示。

图2-13 【另存为】对话框

步骤05 弹出【Photoshop格式选项】对话框，单击【确定】按钮，如图2-14所示。执行【文件】→【打开】命令，即可看到保存的"花环.psd"文件，如图2-15所示。

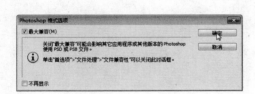

图2-14 【Photoshop格式选项】对话框

图2-15 保存新图像

2.2 图像视图控制

处理图像时，为了更好地观察和处理图像，需要调整视图。下面讲述图像视图操作，包括移动、缩放、排列、拖动、切换屏幕模式等。

2.2.1 排列图像窗口

层叠排列图像窗口时，可以方便查看多个文档信息，单击【窗口】命令，选择【排列】命令，在子菜单中提供了不同的窗口排列方法，如层叠、平铺、将所有内容合并到选项卡中等，如图2-16所示。例如，选择【全部垂直拼贴】命令，图像窗口会自动垂直排列，如图2-17所示。

图 2-16　窗口排列方式　　　　　　图 2-17　全部垂直拼贴排列

　　浮动的图像窗口外观杂乱，常会影响操作。执行【窗口】→【排列】→【将所有内容合并到选项卡中】命令，图像窗口会自动排列合并到选项卡中，如图2-18所示。执行【窗口】→【排列】→【使所有内容在窗口中浮动】命令，图像窗口会全部浮动，如图2-19所示。

图 2-18　合并到选项卡中排列　　　　　图 2-19　窗口浮动

2.2.2　改变窗口大小

　　把鼠标放在图像边框位置，当鼠标呈█形状时，单击鼠标左键并拖动图像窗口，可改变图像窗口大小。如图2-20所示。

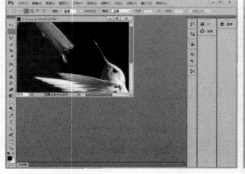 

图 2-20　改变图像窗口大小

2.2.3 切换图像窗口

在Photoshop CC中，如果打开了多个图像，则各个文档窗口会以选项卡的形式显示。单击一个文档的标题栏，即可切换当前操作的窗口，如图2-21所示。

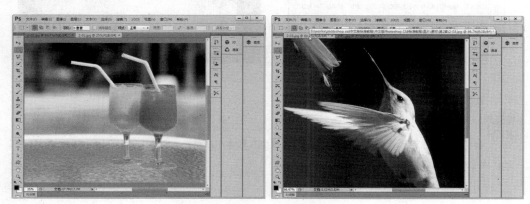

图2-21 单击标题栏切换窗口

2.2.4 切换不同的屏幕模式

单击工具栏中的【屏幕模式】按钮■，可以显示一组用于切换屏幕模式的命令。

1．标准屏幕模式

默认的屏幕模式，可显示菜单栏、程序栏、滚动条和其他屏幕元素，如图2-22所示。

2．带有菜单栏的全屏模式

显示有菜单栏和50%灰色背景，无程序栏和滚动条的全屏窗口，如图2-23所示。

图2-22 标准屏幕模式　　　　　　　　图2-23 带有菜单栏的全屏模式

3．全屏模式

显示只有黑色背景，无标题栏、菜单栏和滚动条的全屏窗口，进入全屏模式前，系统会提示注意事项，单击【全屏】按钮，如图2-24所示；全屏模式效果如图2-25所示。

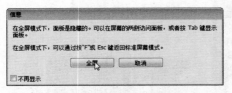

图2-24 【信息】对话框　　　　　　　　图2-25　全屏模式

温馨
提示

　　按【F】键可在各个屏幕模式间切换。按【Tab】键可以隐藏/显示工具箱、面板和工具选项栏；按【Shift+Tab】组合键可以隐藏/显示面板。

2.2.5　缩放视图

　　选择【缩放工具】或按快捷键【Z】后，可以激活【缩放工具】选项栏，如图2-26所示。

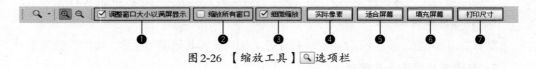

图2-26　【缩放工具】选项栏

❶调整窗口大小以满屏显示	勾选该项，则在缩放图像时，图像的窗口也将随着图像的缩放而自动缩放
❷缩放所有窗口	勾选该项，则在缩放某一图像的同时，该图像的其他视图窗口中的图像也会跟着自动缩放
❸细微缩放	勾选该项后。在图像中向左拖动鼠标可以连续缩小图像，向右拖动鼠标可以连续放大图像。要进行连续缩放，视频卡必须支持 OpenGL，且必须在"常规"首选项中选中"带动画效果的缩放"
❹实际像素	单击该按钮，可以让图像以实际像素大小（100%）显示
❺适合屏幕	单击该按钮，可以依据工作窗口的大小自动选择适合的缩放比例显示图像
❻填充屏幕	单击该按钮，可以依据工作窗口的大小自动缩放视图大小，并填满工作窗口
❼打印尺寸	单击该按钮，可以让图像以实际的打印尺寸来显示，但这个大小只能作为参考，真实的打印尺寸还是要打印出来才会准确

2.2.6　平移视图

　　当画布不能显示所有图像时，除了拖动窗口滚动条查看内容外，还可以使用【抓手

工具】 来平移视图。在选项栏中，勾选【滚动所有窗口】选项，移动画面的操作将用
于所有不能完整显示的图像，如图 2-27 所示。

图 2-27　【抓手工具】 选项栏

温馨
提示

　　【抓手工具】 只有在图像显示大于当前图像窗口时才起作用，双击【抓手工具】按钮 ，将
自动调整图像大小以适合屏幕的显示范围。在使用绝大多数工具时，按住键盘中的空格键都可以切
换为【抓手工具】 。

2.2.7　旋转视图

　　【旋转视图工具】 可以在不破坏图像的情况下旋转画布视图，使图像编辑变得更
加方便。在选择工具箱中的【旋转视图工具】 后，其选项栏如图 2-28 所示。

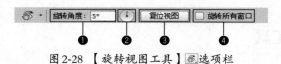

图 2-28　【旋转视图工具】 选项栏

❶ 旋转角度	在【旋转角度】后面的文本框中输入角度值，可以精确地旋转画布
❷ 设置视图的旋转角度	单击该按钮或旋转按钮上的指针，可以根据指针刻度直观地旋转视图
❸ 复位视图	单击该按钮或按【Esc】键，可以将画布恢复到原始角度
❹ 旋转所有窗口	选择该复选框后，如果用户打开了多个图像文件，可以以相同的角度同时旋转所有文件的视图

课堂范例——综合调整图像视图

　　步骤01　打开网盘中"素材文件\第 2 章\水下.jpg"文件，如图 2-29 所示。选择
【缩放工具】 ，在图像上单击两次，放大视图，如图 2-30 所示。

图 2-29　原视图

图 2-30　放大视图

步骤02 选择【抓手工具】 ，移动鼠标平移视图，如图2-31所示。选择【旋转视图工具】 ，移动鼠标旋转视图，如图2-32所示。

图2-31 平移视图　　　　　　　图2-32 旋转视图

温馨
提示

　　编辑图像时，按【Ctrl++】组合键能以一定的比例快速放大图像；按【Ctrl+－】组合键能以一定的比例快速缩小图像。

2.3 辅助工具

　　辅助工具不能用于编辑图像，它的主要作用是帮助用户更好地完成选择、定位或编辑图像的操作，下面介绍常用辅助工具的使用方法。

2.3.1 标尺的使用

　　执行【视图】→【标尺】命令，或按【Ctrl+R】组合键可以显示或隐藏标尺。如果显示标尺，则标尺会出现在当前文件窗口的顶部和左侧，如图2-33所示。拖动鼠标可以改变标尺的原点位置，如图2-34所示。在窗口的左上角双击鼠标，可以恢复默认原点。

图2-33 显示标尺　　　　　　　图2-34 拖动改变标尺原点

2.3.2　参考线的使用

　　参考线是浮在整个图像上但不打印出来的线条，可以移动或删除参考线，还可以锁定参考线，以免不小心将其进行移动。

　　显示标尺后，按住鼠标左键，从标尺处向图像内部拖动就可以创建参考线。从横向标尺处拖出的参考线为水平的，从纵向标尺处拖出的参考线为垂直的，如图2-35所示。

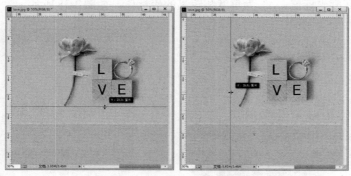

图2-35　水平和垂直参考线

2.3.3　智能参考线的使用

　　智能参考线是一种智能化参考线，它仅在需要时出现。使用【移动工具】进行操作时，通过智能参考线可以对齐形状、切片和选区。

　　执行【视图】→【显示】→【智能参考线】命令，即可启用智能参考线，在移动对象时显示出智能参考线。

2.3.4　网格的使用

　　执行【视图】→【显示】→【网格】命令，或按【Ctrl+'】组合键，可以显示或隐藏网格，如图2-36所示。显示网格后，可执行【视图】→【对齐】→【网格】命令启用对齐功能，之后在进行创建选区和移动图像等操作时，对象会自动对齐到网格上。

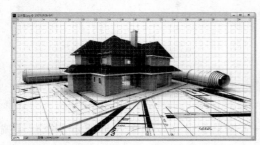

图2-36　显示和隐藏网格

2.3.5 标尺工具

【标尺工具】▯▯▯▯可以精确测量图像中两点之间的长度、宽度和角度等信息，单击工具箱中的【标尺工具】按钮▯▯▯▯，在图像中单击确定测量起点，拖动鼠标到测量终点，如图2-37所示。

执行【窗口】→【信息】命令，打开【信息】面板，XY是测量起点的位置坐标值，WH是宽度和高度坐标值，AL为角度和距离的坐标值，如图2-38所示。

图2-37　标尺测量

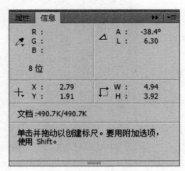

图2-38　【信息】面板

📚 课堂范例——调整辅助工具默认参数

步骤01　执行【文件】→【新建】命令，在【新建】对话框中，设置【宽度】为"1000像素"，【高度】为"800像素"，如图2-39所示。

步骤02　按【Ctrl+R】组合键显示标尺，从标尺处拖动鼠标，创建水平和垂直参考线，如图2-40所示。

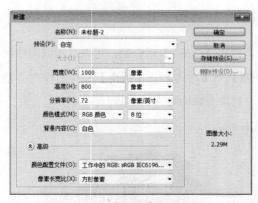

图2-39　【新建】对话框

图2-40　显示标尺创建参考线

步骤03　执行【视图】→【显示】→【网格】命令，如图2-41所示。执行【编辑】→【首选项】→【参考线、网格和切片】命令，打开【首选项】对话框，默认参考线为"青色"，网格颜色为"自定"，网格线间隔为"25毫米"，子网格为"4"，如图2-42所示。

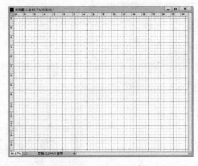

图 2-41　显示网格　　　　　　　　　　　　图 2-42　显示标尺创建参考线

步骤04　在【首选项】对话框中，设置参考线颜色为"浅红色"，网格颜色为"黄色"，网格线间隔为"50毫米"，子网格为"10"，单击【确定】按钮，如图2-43所示；更改默认设置后，网格自动清除，按【Ctrl+'】组合键显示网格，效果如图2-44所示。

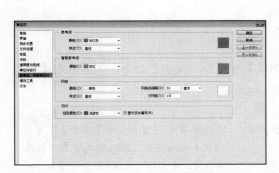

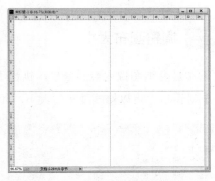

图 2-43　更改参考线和网格默认参数　　　　　图 2-44　更改默认设置后效果

图像尺寸调整

通常情况下，图像尺寸越大，图像文件所占空间也越大，通过设置图像和画布尺寸可以改变文件大小。

2.4.1　调整图像大小

执行【图像】→【图像大小】命令，弹出【图像大小】对话框，对话框选项如图2-45所示。

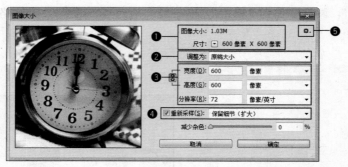

图 2-45 【图像大小】对话框

❶图像大小/尺寸	显示原图像的大小和像素尺寸。单击尺寸右侧的按钮▣，可以选其他度量单位
❷调整为	在【调整为】后面的下拉列表中，可以选择其他预设图像尺寸
❸宽度/高度/分辨率	可以输入图像的宽度、高度和分辨率
❹重新采样	选中该选项，修改图像大小时，按比例调整像素总数；取消该选项，修改图像大小时，不会改变图像的像素总数
❺缩放样式	单击按钮✿，可以打开【缩放样式】菜单，勾选该选项，调整图像大小时，会自动缩放样式

2.4.2 调整画布大小

画布是容纳图像内容的窗口，执行【图像】→【画布大小】命令，在弹出的【画布大小】对话框中可以修改画布的大小，如图2-46所示。

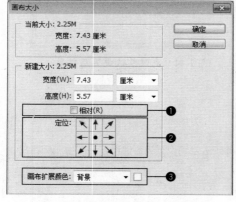

❶相对	勾选此项时，【宽度】和【高度】项后面的文本框为空白，输入的数值表示在原来尺寸上要增加的数值
❷定位	可以指定改变画布大小时的变化中心，当指定到中心位置时，画布就以自身为中心向四周增大或减小，当指定到顶部中心时，画布就从自身的顶部向下、左、右增大或减小，而顶部中心不变
❸画布扩展颜色	在打开的下拉列表框中可以设置扩展画布时所使用的颜色

图 2-46 【画布大小】对话框

📖 课堂范例——水平旋转画布

执行【图像】→【旋转】命令，在其下拉菜单中包含用于旋转画布的命令，选择这些命令可以旋转或翻转整个图像。下面以【水平翻转画布】命令为例进行讲解，具体操作方法如下。

步骤01 打开网盘中"素材文件\第2章\闹钟.jpg"文件，如图2-47所示。

步骤02 执行【图像】→【图像旋转】→【水平翻转画布】命令，如图2-48所示。通过前面的操作，水平翻转图像，如图2-49所示。

图2-47　原图　　　　　图2-48　选择命令　　　　　图2-49　水平翻转图像

👤 课堂问答

通过本章的讲解，大家对Photoshop CC基础操作有了一定的了解，下面列出一些常见的问题供学习参考。

问题❶：如何以固定角度旋转画布？

答：画布除了可以水平、垂直旋转外，还可以旋转任意角度，执行【图像】→【图像旋转】→【任意角度】命令，打开【旋转画布】对话框，设置【角度】为30，单击【确定】按钮，如图2-50所示。即可以指定角度旋转画布，如图2-51所示。

图2-50　【旋转画布】面板　　　　　图2-51　任意角度旋转画布

问题❷：如何应用吸附功能自动定位？

答：对齐功能有助于精确地放置选区、裁剪选框、切片、形状和路径。如果要启用对齐功能，首先需要执行【视图】→【对齐】命令，使该命令处于勾选状态，然后在【视图】→【对齐到】子菜单中选择一个对齐项目，带有"✔"标记的命令表示启用了该对齐功能，如图2-52所示。

图 2-52 【对齐】菜单命令

参考线	可以使对象与参考线对齐
网格	可以使对象与网格对齐。网格被隐藏时不能选择该选项
图层	可以使对象与图层中的内容对齐
切片	可以使对象与切片边界对齐。切片被隐藏时不能选择该选项
文档边界	可以使对象与文档的边缘对齐
全部	选择所有"对齐到"选项
无	取消选择所有"对齐到"选项

下面以选区对齐网格为例,讲解自动吸附功能的具体使用方法。

步骤01 打开网盘中"素材文件\第2章\彩带.jpg"文件,如图2-53所示。

步骤02 执行【编辑】→【首选项】→【参考线、网格和切片】命令,打开【首选项】对话框,设置【网格线间隔】为"26毫米",子网格为"1",如图2-54所示。

图 2-53 原图

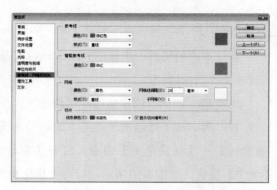

图 2-54 【首选项】对话框

步骤03 执行【视图】→【显示】→【网格】命令,显示网格,如图2-55所示。

步骤04 执行【视图】→【对齐】命令,使其处于勾选状态,如图2-56所示。选择【矩形选框工具】□,拖曳鼠标创建选区,选区边框会自动吸附到网格上,如图2-57所示。

图 2-55 显示网格

图 2-56 选择【对齐】命令

图 2-57 选区吸附到网格效果

问题❸：如何新建视图窗口？

答：在处理图像时，创建多个视图窗口，可以从不同的角度观察同一张图像，使图像调整更加准确，新建视图窗口的具体操作步骤如下。

步骤01 打开网盘中"素材文件\第2章\鸟人.jpg"文件，如图2-58所示。执行【窗口】→【排列】→【为"鸟人.jpg"新建窗口】命令，如图2-59所示。

图2-58 原视图

图2-59 选择新建视图命令

步骤02 为"鸟人.jpg"新建视图，如图2-60所示。执行【窗口】→【排列】→【双联垂直】命令，垂直排列视图，如图2-61所示。

图2-60 新建视图

图2-61 选择【双联垂直排列】命令

步骤03 选择【缩放工具】，在右侧视图单击放大视图，如图2-62所示。选择【画笔工具】，在右侧视图绘制任意图像，在左侧视图观察整体效果，如图2-63所示。

图2-62 放大右侧视图

图2-63 绘制图像

上机实战——调整画面构图

通过本章的学习，为了让读者能巩固本章知识点，下面讲解一个技能综合案例，使大家对本章的知识有更深入的了解。

效果展示

思路分析

构图调整是图像处理的重要内容，过长或过宽的画面都会带给人不舒适的视觉体验，具体操作步骤如下。

本例首先使用【填充】命令中的【内容识别填充】选项清除左侧的花束，然后使用【内容识别比例】命令调整过高的天空，最后使用【裁切】命令清除四周透明像素。

制作步骤

步骤01 打开网盘中"素材文件\第2章\夏恋.jpg"文件，如图2-64所示。

步骤02 选择【矩形选框工具】 ，在图像左上方拖动鼠标，如图2-65所示。释放鼠标后，创建矩形选区，如图2-66所示。

图2-64 原图　　　　　图2-65 拖动鼠标　　　　　图2-66 创建选区

步骤03 执行【编辑】→【填充】命令，打开【填充】对话框，设置【使用】为"内容识别"，单击【确定】按钮，如图2-67所示。

步骤04 通过前面的操作，花束被清除，并自然溶入环境中，如图2-68所示。执行【选择】→【取消选择】命令，取消选区，如图2-69所示。

图2-67 【填充】对话框　　　　图2-68 内容识别填充效果　　　　图2-69 取消选区

技能拓展

内容识别填充能够快速地填充一个选区，用来填充这个选区的像素是通过感知该选区周围的内容得到的，使填充效果看上去像是真的一样。

步骤05 执行【编辑】→【内容识别比例】命令，进入内容识别比例变换状态，如图2-70所示。在选项栏中，单击【保护肤色】按钮，向下方拖动如图2-71所示。

图2-70 进入变换状态　　　　　　　　图2-71 拖动变换

步骤06 单击选项栏的【提交变换】按钮，确认变换，如图2-72所示。

图 2-72 确认变换

技能拓展

内容识别比例是一项非常实用的缩放功能。普通的缩放在调整图像时会统一影响所有的像素，而内容识别比例则主要影响没有重要的可视内容区域中的像素。

步骤07 执行【图像】→【裁切】命令，在【裁切】对话框中，设置【基于】栏为"透明像素"，勾选【裁切】栏中的所有复选项，单击【确定】按钮，如图 2-73 所示。

步骤08 通过前面的操作，裁掉图像四周的透明像素，最终效果如图 2-74 所示。

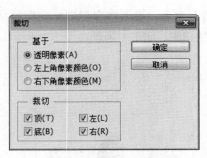

图 2-73 【裁切】对话框

图 2-74 最终效果

温馨提示

使用【裁切】命令可以裁切掉指定的目标区域，例如，透明像素、左上角像素颜色等。

🌐 同步训练——设置暂存盘

通过上机实战案例的学习，为了增强读者的动手能力，下面安排一个同步训练案例，让读者达到举一反三、触类旁通的学习效果。

图解流程

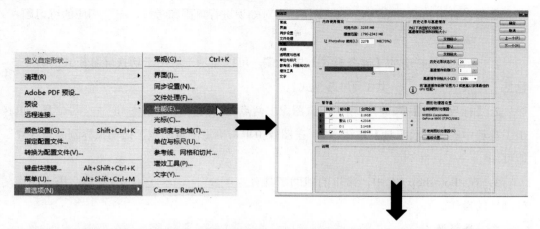

思路分析

随着Photoshop CC的功能越来越强大，占用的内存空间也越来越大，根据自己电脑的磁盘空间情况，合理设置暂存盘，可以提高Photoshop CC的工作效率。

本例首先打开【性能】对话框，接下来设置【暂存盘】，最后设置【让Photoshop CC使用】的内存量，退出Photoshop CC后再次启动该软件，完成性能设置。

关键步骤

步骤01　启动Photoshop CC，执行【编辑】→【首选项】→【性能】命令。根据电脑的硬盘情况调整暂存盘，例如，在【暂存盘】栏中，勾选【F】盘，取消【E】盘的勾选。

步骤02　在【内存使用情况】栏中，设置【让Photoshop使用】的内存量为"2300MB"，单击【确定】按钮。

步骤03　执行【文件】→【退出】命令，再次启动Photoshop CC，前面设置的新性能将生效。

知识能力测试

本章讲解了Photoshop CC基础操作，为对知识进行巩固和考核，布置相应的练习题。

一、填空题

1. 单击工具栏中的【屏幕模式】按钮，可以显示一组用于切换屏幕模式的命令。包括_____、_____、_____共3种屏幕模式。

2. 【标尺工具】可以精确测量图像中两点之间的_____、_____和_____等信息，单击工具箱中的【标尺工具】按钮，在图像中单击确定测量起点，拖动鼠标到测量终点即可。

3. 在Photoshop CC中，常用的辅助工具有_____、_____、_____、_____等，用于图像处理辅助操作。

二、选择题

1. （　）可以在不破坏图像的情况下旋转画布视图，使图像编辑变得更加方便。

  A．【旋转视图工具】   B．【缩放工具】

  C．【抓手工具】   D．【标尺工具】

2. 执行【窗口】→【信息】命令，打开【信息】面板，XY是测量起点的位置坐标值，（　）是宽度和高度坐标值，AL为角度和距离的坐标值。

  A．AB   B．WH   C．KG   D．HW

3. 执行（　）命令，可以为目标文件创建新视图，方便用户多角度观察对象细节。

  A．在窗口中浮动   B．层叠

  C．平铺   D．为文件新建窗口

三、简答题

1. 请回答【存储】和【存储为】命令的主要作用是什么？这两种命令之间的主要区别是什么？

2. 在【图像大小】对话框中，【重新采样】复选项的主要作用是什么？勾选和取消勾选该项会得到怎样不同的结果？

CC
PHOTOSHOP

第3章
图像选区的创建与编辑

选区工具可以分为规则选区工具和不规则选区工具。另外，创建好选区后，还需要对选区进行修改、编辑与填充等操作。在本章中，我们将讲解选区的创建和编辑的方法，使用户可以轻松选出需要的图像。

学习目标

- 熟练掌握规则选区的创建方法
- 熟练掌握不规则选区的创建方法
- 熟练掌握选区的基本操作方法
- 熟练掌握选区的编辑方法

3.1 创建规则选区

规则选区是选区边缘为方形或圆形的选区，该类选区工具有各自的特点，适合创建不同类型的选区对象，下面分别进行介绍。

3.1.1 矩形选框工具

【矩形选框工具】可以创建长方形和正方形选区。选择工具箱中的【矩形选框工具】，在图像中单击并向右下角拖动鼠标，释放鼠标后，即可创建一个矩形选区。

技能拓展

按键盘上的【M】键可以快速选择【矩形选框工具】，选择【矩形选框工具】后，按住【Shift】键不放，在图像窗口中拖动鼠标即可创建正方形选区。

3.1.2 椭圆选框工具

选择【椭圆选框工具】，在图像中拖动鼠标，可以创建圆形或椭圆形选区，如图3-1所示。

图3-1　圆形和椭圆形选区

技能拓展

在创建选区时，先按住【Alt】键，可创建出以鼠标起始点为中心的选区；在创建选区的过程中，按住空格键可直接移动选区。

3.1.3 单行、单列选框工具

使用【单行选框工具】可以创建高度为1像素的选区，【单列选框工具】可以创

· 40 ·

建宽度为1像素的选区，这两个工具多用于选择图像的细节部分。

　　【单行选框工具】⸺和【单列选框工具】┊创建的选区如图3-2所示。

图3-2　创建单行、单列选框

3.1.4　选区工具选项栏

　　选择工具箱中的选区工具时，包括规则和不规则选区，其选项栏会显示出如图3-3所示的选区编辑按钮。通过这些按钮，可以完成常用的选区编辑操作。

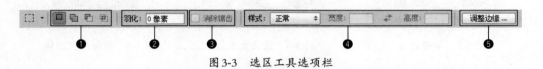

图3-3　选区工具选项栏

❶选区运算	【新选区】▣按钮的主要功能是建立一个新选区，【添加选区】▣按钮、【从选区减去】▣按钮和【与选区交】▣按钮是选区和选区之间进行布尔运算的方法
❷羽化	用于设置选区的羽化范围
❸消除锯齿	用于通过软化边缘像素与背景像素之间的颜色转换，使选区的锯齿状边缘平滑
❹样式	用于设置选区的创建方法，包括【正常】【固定比例】和【固定大小】选项
❺调整边缘	单击该按钮，可以打开【调整边缘】对话框，对选区进行平滑、羽化等处理

📇 课堂范例——制作卡通相框

　　步骤01　打开网盘中"素材文件\第3章\卡通人物.psd"文件，如图3-4所示。执行【窗口】→【图层】命令，在【图层】面板中，单击【背景色】图层，如图3-5所示。

　　步骤02　选择【椭圆选框工具】◯，在图像中拖动鼠标，创建椭圆选区，如图3-6所示。

图3-4　原图

图3-5　【图层】面板

图3-6　创建椭圆选区

步骤03　在选项栏中，单击【添加到选区】按钮 ⬚ ，选择【矩形选区工具】 ⬚ ，在图像中拖动鼠标，如图3-7所示。释放鼠标后，得到选区效果，如图3-8所示。按【Delete】键删除选区图像，效果如图3-9所示。

图3-7　加选选区

图3-8　选区效果

图3-9　删除选区图像

技 能 拓 展

　　　拖动选区工具创建选区时，同时按住【Shift】键，可以在原选区的基础上加选区域；按住【Alt】键可以减选区域；按住【Shift+Alt】组合键，可以选中与原选区的交叉区域。

创建不规则选区

　　　【套索工具】组和【魔棒工具】组中的工具可以创建不规则选区，而且操作非常简单，使用【色彩范围】命令可以创建颜色选区。

3.2.1　套索工具

　　【套索工具】 ⌇ 用于选取物体的大致轮廓，通过拖动鼠标左键即可创建选区，具体操作方法如下。

步骤01　打开网盘中"素材文件\第3章\别针.jpg"文件夹,选择【套索工具】🅿,在需要选择的图像边缘处单击并拖动鼠标,此时图像中会自动生成没有锚点的线条,如图3-10所示。

步骤02　继续沿着图像边缘拖动鼠标,移动到起点与终点连接处时,释放鼠标生成选区,如图3-11所示。

图3-10　拖动【套索工具】🅿　　　　　　图3-11　创建轮廓选区

温馨
提示
　使用【套索工具】🅿创建选区时,只有线条需要闭合时才能松开左键,否则线条首尾会自动闭合。在使用【套索工具】🅿时,按下鼠标左键不放,再按下【Delete】键不放,可使圆滑的曲线逐步变成直线,当直线变到起始点时,选区线将会全部消失。

3.2.2　多边形套索工具

【多边形套索工具】☑用于选取一些复杂的、棱角分明的图像,通过鼠标的连续单击创建选区边缘,具体操作步骤如下。

步骤01　打开网盘中"素材文件\第3章\千纸鹤.jpg"文件,选择【多边形套索工具】☑,在需要创建选区的图像位置处单击鼠标左键确认起始点,在不同的需要改变选区范围方向的转折点处单击鼠标,创建节点,如图3-12所示。

步骤02　最后当终点与起点重合时,鼠标指针下方显示一个闭合图标☒,单击鼠标左键,将会得到一个多边形选区,如图3-13所示。

图3-12　创建节点　　　　　　　　　图3-13　合并多边形选区

使用【多边形套索工具】☑创建选区的过程中，按下【Ctrl】键，单击鼠标左键，无论单击点在任何位置，也可直接与起始点直接连接，闭合选区；当按下【Alt】键时，可以临时切换为【套索工具】☑，松开【Alt】键时，又还原为【多边形套索工具】☑。

3.2.3 磁性套索工具

使用【磁性套索工具】☑绘制选区时，系统会自动识别边缘像素，使套索路径自动吸附在对象的边缘上。选择工具箱中的【磁性套索工具】☑后，其选项栏中常见的参数作用如图3-14所示。

图3-14 【磁性套索工具】☑选项栏

❶宽度	决定了以光标中心为基准，其周围有多少个像素能够被工具检测到，如果对象的边界不是特别清晰，则需要使用较小的宽度值
❷对比度	用来设置工具感应图像边缘的灵敏度。如果图像的边缘对比清晰，可将该值设置得高一些；如果边缘不是特别清晰，则设置得低一些
❸频率	用来设置创建选区时生成的锚点的数量。该值越高，生成的锚点越多，捕捉到的边界越准确，但是过多的锚点会造成选区的边缘不够光滑
❹钢笔压力	如果计算机配置有数位板和压感笔，则可以按下该按钮，Photoshop会根据压感笔的压力自动调整工具的检测范围

使用【磁性套索工具】☑创建选区的具体操作步骤如下。

步骤01 打开网盘中"素材文件\第3章\心形.jpg"文件夹，选择【磁性套索工具】☑，在图像物体边缘处单击鼠标左键，确认起始点，然后沿对象的边缘进行拖动，如图3-15所示。

步骤02 当终点与起始点重合时，鼠标指针呈⬚形状，单击鼠标左键即可创建一个图像选区，如图3-16所示。

图3-15 拖动鼠标

图3-16 创建选区

3.2.4　魔棒工具

【魔棒工具】是通过分析颜色创建选区，选择【魔棒工具】，其选项栏中常见的参数作用如图 3-17 所示。

图 3-17　【魔棒工具】选项栏

❶取样大小	可根据光标所在位置像素的精确颜色进行选择；选择【3×3平均】，可参考光标所在位置3个像素区域内的平均颜色；选择【5×5平均】，可参考光标所在的位置5个像素区域内的平均颜色。其他选项依次类推
❷容差	控制创建选区范围的大小。输入的数值越小，要求的颜色越相近，选区范围就越小，相反，则颜色相差越大，选区范围就越大
❸消除锯齿	模糊羽化边缘像素，使其与背景像素产生颜色的逐渐过度，从而去掉边缘明显的锯齿状
❹连续	选中该复选框时，只选取与鼠标单击处相连接区域中相近的颜色；如果不选择该复选项框，则选取整个图像中相近的颜色
❺对所有图层取样	用于有多个图层的文件，勾选该复选框时，选取文件中所有图层中相同或相近颜色的区域；不勾选时，只选取当前图层中相同或相近颜色的区域

使用【魔棒工具】创建选区的具体操作步骤如下。

步骤01　打开网盘中"素材文件\第3章\音乐女.jpg"文件夹，选取【魔棒工具】，在目标颜色处单击鼠标左键，如图 3-18 所示。

步骤02　释放鼠标后，得到一个选区，如图 3-19 所示。

图 3-18　单击目标点

图 3-19　创建选区

3.2.5　快速选择工具

【快速选择工具】只需要在目标图像上涂抹，则系统会根据鼠标所到之处的颜色自动创建为选区，选择【快速选择工具】后，其选项栏中常见的参数作用如图 3-20 所示。

图3-20 【快速选择工具】选项栏

❶ 选区运算按钮	单击【新选区】按钮，可创建一个新的选区；单击【添加到选区】按钮，可在原选区的基础上添加绘制的选区；单击【从选区减去】按钮，可在原选区的基础上减去当前绘制的选区
❷ 笔尖下拉面板	单击·按钮，可在打开的下拉面板中选择【笔尖】，设置大小、硬度和间距
❸ 对所有图层取样	可基于所有图层创建选区
❹ 自动增强	可减少选区边界的粗糙度和块效应。【自动增强】会自动将选区向图像边缘进一步流动并应用一些边缘调整，也可以通过在【调整边缘】对话框中手动应用这些边缘调整

3.2.6 【色彩范围】命令

【色彩范围】命令可根据图像的颜色范围创建选区，在这一点上与【魔棒工具】有很大的相似之处，但该命令具有更高的选择精度。

📽 课堂范例——更改花蕊色调

步骤01 打开网盘中"素材文件\第3章\紫花.jpg"文件，选择【套索工具】，拖动鼠标选中花蕊，如图3-21所示。

步骤02 执行【选择】→【色彩范围】命令，在【色彩范围】对话框中，单击【添加到取样】按钮，设置【颜色容差】为"200"，在花蕊上单击，如图3-22所示。

图3-21 创建选区

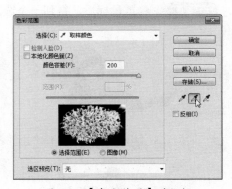

图3-22 【色彩范围】对话框

步骤03 使用【添加到取样】按钮在花蕊上单击，添加颜色，单击【确定】按钮，如图3-23所示。通过前面的操作，得到的花蕊选区如图3-24所示。

步骤04 执行【图像】→【调整】→【色调均化】命令，选择【仅色调均化所选区域】选项，单击【确定】按钮，如图3-25所示。

图 3-23　添加颜色

图 3-24　得到花蕊选区

步骤05　通过前面的操作，花蕊偏暗的颜色得到改善，如图3-26所示。

图 3-25　【色调均化】对话框

图 3-26　色调均化效果

技 能 拓 展

如果图像中已经创建了选区，执行【色彩范围】命令，只分析选区内的图像。在【色彩范围】对话框中，设置【选择】为"肤色"，勾选【检测人脸】复选项，可以轻松地对人物肤色和毛发进行细微调整。

3.3　选区的基本操作

创建选区后，还可以对选区进行调整，如全选、移动、取消、重新选择等，下面对这些操作分别进行讲解。

3.3.1　全部选择

使用【全选】命令可以快速选择全部图层的所有像素。执行【选择】→【全选】命令或者按【Ctrl+A】组合键即可。

3.3.2　取消选择

使用【取消选区】命令可以取消当前选择区域，执行【选择】→【取消选择】命令；

按下【Ctrl+D】组合键，或者在当前选区外单击鼠标左键，都可以快速取消当前选区。

3.3.3 重新选择

创建且取消选区后，若需要重新选择相同的区域，则可执行【选择】→【重新选择】命令，或者是按【Ctrl+Shift+D】组合键。

3.3.4 反向选择

创建选区后，有时需要将创建的选区与非选区进行相互的转换，下面介绍具体的操作方法。

步骤01 打开网盘中"素材文件\第3章\心形.jpg"文件，选择【魔棒工具】，在需要选取的图像上单击创建选区，如图3-27所示。

步骤02 执行【选择】→【反向】命令，即可反向选择图像中的其他区域，如图3-28所示。

图3-27 创建选区　　　　图3-28 反向选择

按【Ctrl+Shift+I】组合键，可以快速反向选区。

3.3.5 移动选区

创建好选区后，可以对选区或选区中的图像进行移动操作，选区的移动非常简单，下面介绍几种常用的方法。

方法1：拖动选框工具创建选区时，在放开鼠标按键前，按住空格键拖动鼠标，即可移动选区。

方法2：创建选区后，确保选项栏中【新选区】按钮为选中状态，将鼠标指针放在选区内，单击并拖动鼠标便可以移动选区。

方法3：可以按键盘上的【↑】【↓】【→】【←】键来轻微移动选区。

3.3.6 隐藏选区

创建选区后，执行【视图】→【显示】→【选区边缘】命令，或者按【Ctrl+H】组合键可以隐藏选区，选区虽然被隐藏，但是仍然存在，并限定用户操作的有效区域。再次执行此命令，可以显示选区。

3.3.7 变换选区

选区变换常用于选择特殊形状的区域，使用【选区变换】命令可以对选区进行【缩放】【旋转】【斜切】【透视】【变形】等操作。

执行【选择】→【变换选区】命令后，选区的边框上将出现8个控制手柄。移动鼠标指针到图像内部，当指针变为"↳"形状时，可以拖动鼠标移动当前选区。

将鼠标指针移动到选区的控制手柄上，当指针变为"↗"形状时，可以对当前选区进行【缩放】【斜切】等变换操作。

将鼠标指针移动到选区的控制手柄上，当指针变为"↴"形状时，可以进行选区的旋转变换操作。

3.4 选区的编辑

选区的编辑是对选区进行调整，在旧选区的基础上生成的选区，包括【边界】【平滑】【扩展】【收缩】【羽化】【扩大选取】和【选取相似】命令，下面对这些命令分别进行介绍。

3.4.1 扩大选取

【扩大选取】命令会查找与当前选区中的像素色调相近的像素，从而扩大选择区域。该命令只扩大到与原选区相连接的区域。执行【选择】→【扩大选取】命令即可。

3.4.2 选取相似

【选取相似】命令同样会查找与当前选区中的像素色调相近的像素。该命令可以查找整幅图像，包括与原选区没有相邻的像素。

使用【扩大选取】和【选取相似】命令可以得到不同的选区，具体分析如下。

步骤01　打开网盘中"素材文件\第3章\西红柿.jpg"文件，选择【矩形选框工具】■，在左侧果实根部拖动鼠标创建选区，如图3-29所示。

步骤02　执行【选择】→【扩大选取】命令即可对附近相似的颜色区域进行选取，选中邻近的果实根部区域，如图3-30所示。

步骤03　按【Ctrl+Z】组合键取消上次操作，执行【选择】→【选取相似】命令即可对图像整体颜色相似区域进行选取，图像中的所有果实根部区域被选中，如图3-31所示。

图3-29　创建选区

图3-30　扩大选取

图3-31　选取相似

3.4.3　选区修改

使用【边界】【平滑】【扩展】【收缩】等选区命令，可以对选区进行修改。执行【选择】→【修改】命令，在弹出的子菜单中，选择相应的命令即可，如图3-32所示。

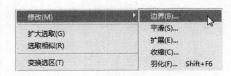
图3-32　选区修改菜单命令

- 【边界】命令从原有的选区向内收缩或向外扩展，当要选择图像区域周围的边界或像素带时，此命令很有用。
- 【平滑】命令可对选区的边缘进行平滑，使选区边缘变得更柔和。常用于平滑锯齿状或硬边选区。
- 【扩展】和【收缩】命令的作用是向四周扩展或收缩选区。
- 【羽化】命令是通过建立选区和选区周围像素之间的转换边界来模糊边缘的，这种模糊方式将丢失选区边缘的一些图像细节。

选区修改效果对比如图3-33所示。

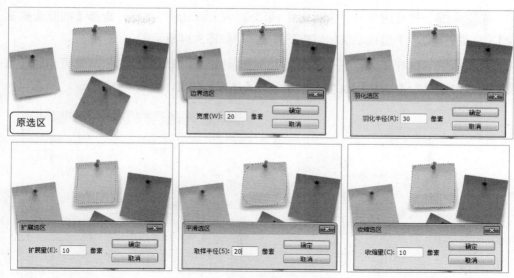

图3-33 选区修改效果对比图

技 能 拓 展

按键盘上的【Shift+F6】组合键可以快速打开【羽化选区】对话框。选区羽化后，可对选区进行复制、删除等编辑，羽化后的选区会有一种柔和的效果。

3.4.4 细化选区

【调整边缘】命令可以细化选区，常用于选择人物头发、动物毛发。首先使用其他工具创建一个轮廓选区，再使用该命令进行细化即可。它还可以消除选区边缘的杂色。

3.4.5 填充和描边选区

【填充】命令可以为目标区域填充颜色和图案，【描边】命令可以通过选择的绘图工具自动为选区描边，下面分别进行讲述。

1. 填充选区

【填充】命令可以在当前图层或选区内填充颜色或图案，在填充时还可以设置不透明度和混合模式，文本和隐藏图层不能进行填充。

2. 描边选区

【描边】命令可以为选区描边，描边颜色默认使用前景色，用户可以设置描边的宽度和颜色，还可以选择描边的位置，同时还可以设置描边颜色与原始图像的混合方式和不透明度，具体操作方法如下。

步骤01 打开网盘中"素材文件\第3章\自行车.jpg"文件，选择【椭圆选框工具】，按住【Alt】键拖动鼠标创建正圆选区，如图3-34所示。

步骤02 执行【编辑】→【描边】命令，弹出【描边】对话框，设置描边【宽度】为"10像素"，【位置】为"居外"。单击【确定】按钮，如图3-35所示。

图3-34　创建正圆选区

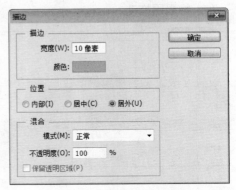
图3-35　【描边】对话框

步骤03 按【Ctrl+D】组合键取消选区，描边效果如图3-36所示，使用相同的方法创建右侧选区，并描边选区，如图3-37所示。

图3-36　左轮描边效果

图3-37　右轮描边效果

3.4.6 存储和载入选区

在处理图像时，可以将创建的选区进行保存，便于以后的重复使用，当需要时还可以载入之前存储的选区，这是处理复杂图像时常用的一种方法。

1．存储选区

在图像窗口中创建选区，执行【选择】→【存储选区】命令，弹出【存储选区】对话框，在【存储选区】对话框中，设置存储位置和名称等参数，单击【确定】按钮即可。

2．载入选区

执行【选择】→【载入选区】命令，执行该命令后，弹出【载入选区】对话框，选择存储的选区名称，单击【确定】按钮，即可打开存储的选区。

课堂范例——为背景填充图案

步骤01 打开网盘中"素材文件\第3章\头发.jpg"文件，选择【快速选择工具】☑️，在人物周围拖动，创建轮廓选区，如图3-38所示。

步骤02 在选项栏中，单击【调整边缘】按钮 调整边缘... ，在打开的【调整边缘】对话框中，勾选【智能半径】选项，设置【半径】为"250像素"，勾选【净化颜色】命令，设置【数量】为"100%"，如图3-39所示。

图3-38 创建轮廓选区

图3-39 【调整边缘】对话框

步骤03 在【视图】选项中，可以预览选区效果，如图3-40所示。在左侧多余的黑色区域涂抹，调整半径区域，在【调整边缘】对话框中，设置【输出到】为"新建带有图层蒙版的图层"，单击【确定】按钮，如图3-41所示。

图3-40 选区预览

图3-41 调整轮廓选区

步骤04 执行【窗口】→【图层】命令，在【图层】面板中，单击【背景】图层前方的【指示图层可见性】按钮👁️，隐藏【背景】图层，如图3-42所示。人物细微的头发被选出，如图3-43所示。

图 3-42 【图层】面板　　　　　　　　　图 3-43 选中人物头发

步骤 05　单击【背景】图层前方的【指示图层可见性】按钮 👁，显示【背景】图层，如图3-44所示。单击【背景】图层，选中该图层，如图3-45所示。

步骤 06　执行【编辑】→【填充】命令，在【填充】对话框中，设置填充内容为"图案"，单击【自定图案】右方的扩展按钮 🔲，选择【岩石图案】选项，如图3-46所示。

图 3-44 【图层】面板　　图 3-45 选中人物头发　　图 3-46 载入岩石图案

步骤 07　载入"岩石图案"后，选择"红岩"，设置【不透明度】为"50%"，单击【确定】按钮，如图3-47所示。图案填充效果如图3-48所示。

图 3-47 【填充】对话框　　　　　　　　图 3-48 填充效果

课堂问答

通过本章的讲解，大家对选区创建、选区编辑和修改有了一定的了解，下面列出一些常见的问题供学习参考。

问题❶：羽化选区时，为何选区自动消失了？

答：羽化选区时，如果【羽化半径】值设置大于原选区的比例范围，选区边缘将不可见。但是，不会影响羽化效果。下面以一个例子进行分析。

步骤01　打开网盘中"素材文件\第3章\彩碗.jpg"文件，选择【矩形选框工具】▣，在彩碗周围拖动创建选区，如图3-49所示；

步骤02　执行【选择】→【修改】→【羽化】命令，设置【羽化半径】为"300像素"，单击【确定】按钮，如图3-50所示。

图3-49　创建矩形选区

图3-50　羽化选区

步骤03　弹出【警告】对话框，单击【确定】按钮，选区边缘不可见，如图3-51所示。按【Alt+Delete】组合键，为选区填充前景色，得到羽化填充效果，如图3-52所示。

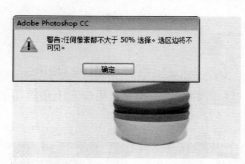

图3-51　【警告】对话框

图3-52　羽化选区效果

问题❷：变换图像和变换选区有什么异同？

答：变换图像和变换选区的操作基本相同。但是它们之间的区别在于，变换图像是作用于图像，而变换选区是作用于选区。

问题❸：【重新选择】和【存储选区】命令的适用范围？

答：【重新选择】命令适用于刚刚取消的选区，如果取消选区后，新建其他选区，之前取消的选区将不可恢复。

【存储选区】命令是将选区存储在【通道】中，它与当前的选区状态无关，是最保险的选区存储方式。

📷 上机实战——为图像添加心形光

通过本章的学习，为了让读者能巩固本章知识点，下面讲解一个技能综合案例，使大家对本章的知识有更深入的了解。

效果展示

思路分析

在拍摄图像时，光线是非常重要的。如果拍照时的光线不好，拍出来的图像也是不完美的，在Photoshop中，可以为图像添加合适的光线，具体操作方法如下。

本例首先制作选区，然后羽化选区，通过图层混合得到左侧光线。使用相同的方法制作右侧和下部的光线，得到最终效果。

制作步骤

步骤01　打开网盘中"素材文件\第3章\心形伞.jpg"文件，如图3-53所示。

步骤02　在【图层】面板中，按【Ctrl+J】组合键复制图层，更改左上角的图层混合模式为"亮光"，如图3-54所示。

图3-53　原图　　　　　　　　　图3-54　混合图层

步骤03 选择【椭圆选框工具】⬭，拖动鼠标创建圆形选区，如图3-55所示。

步骤04 执行【选择】→【变换选区】命令，拖动节点变换选区大小和位置，如图3-56所示。

图3-55 创建圆形选区

图3-56 变换选区

步骤05 选择【快速选择工具】✑，按住【Alt】键，在心形伞左侧拖动，减选区域，如图3-57所示。

步骤06 执行【选择】→【修改】→【收缩】命令，在【收缩选区】对话框中，设置【收缩量】为"10像素"，单击【确定】按钮，如图3-58所示。

图3-57 减选选区

图3-58 收缩选区

步骤07 按【Shift+F6】组合键，执行【羽化】命令，设置【羽化半径】为"10像素"，单击【确定】按钮，如图3-59所示。

步骤08 按【Ctrl+J】组合键复制图层，效果如图3-60所示。

图3-59 羽化选区

图3-60 复制图层

步骤09 使用相同的方法创建右侧的光线对象,如图3-61所示。

步骤10 选择【椭圆选框工具】 ◯ ,拖动鼠标创建圆形选区,如图3-62所示。

图3-61 创建右侧光线

图3-62 创建选区

步骤11 选择【快速选择工具】 ✓ ,按住【Alt】键,在心形伞下方拖动,减选区域,如图3-63所示。

步骤12 执行【选择】→【修改】→【收缩】命令,在【收缩选区】对话框中,设置【收缩量】为"10像素",单击【确定】按钮,如图3-64所示。

图3-63 减选选区

图3-64 收缩选区

步骤13 按【Shift+F6】组合键,执行【羽化】命令,设置【羽化半径】为"10像素",单击【确定】按钮,如图3-65所示。

步骤14 在【图层】面板中,单击选择【背景 拷贝】图层,按【Ctrl+J】组合键复制图层,生成【图层2】,最终效果如图3-66所示。

图3-65 羽化选区

图3-66 复制图层

同步训练——为泛舟场景添加装饰

通过上机实战案例的学习，为了增强读者的动手能力，下面安排一个同步训练案例，让读者达到举一反三、触类旁通的学习效果。

图解流程

思路分析

情侣在湖中泛舟是一幅非常浪漫的场景，如果场景中缺少了花朵的陪伴，那么浪漫的感觉就不够完美，下面为湖中泛舟的场景添加荷花装饰，具体操作方法如下。

本例首先在"荷花"文件中选出需要的图像，然后在"小船"文件中，进行图像拼合。调整荷花的大小和角度，与场景相协调，得到最终效果。

关键步骤

步骤01 打开网盘中"素材文件\第3章\小船.jpg"文件，打开网盘中"素材文件\第3章\荷花.jpg"文件，在"荷花"文件中，选择【魔棒工具】，在选项栏中，设置【容差】为"20"，按住【Shift】键在图像背景处多次单击，选中背景图像，按【Shift+ Ctrl+I】组合键反向选区，如图3-67所示。

步骤02 按【Shift+F6】组合键执行【羽化】命令，设置【羽化半径】为"2像素"，单击【确定】按钮，按【Ctrl+C】组合键复制图像。

步骤03 切换到"小船"文件中，按【Ctrl+V】组合键，粘贴图像，按【Ctrl+T】

组合键，执行自由变换操作，适当缩小图像，如图3-68所示。

图3-67　创建选区　　　　　　　　　图3-68　调整图像大小

 步骤04　　选择【快速选择工具】 ，在荷叶上拖动鼠标创建选区，按【Ctrl+J】组合键，复制荷叶图像，按【Ctrl+T】组合键，执行自由变换操作，适当调整荷叶的大小和旋转角度。

📝 知识能力测试

本章主要讲解了图像选区的创建与编辑方法，为对知识进行巩固和考核，布置相应的练习题。

一、填空题

1．规则选区是选区边缘为方形或圆形的选区，该类选区工具有各自的特点，适合创建不同类型的选区对象，在Photoshop CC中，创建规则选区的常用工具包括_____、_____、_____和_____共4种。

2．通过分析颜色创建选区的常用方式包括_____、_____和_____命令。

3．选区工具选项栏的布尔运算方式包括_____、_____、_____共3种。

二、选择题

1．使用【多边形套索工具】 创建选区时，按下（　　）键时，可以切换为【套索工具】 ，松开该键时，又还原为【多边形套索工具】 。

　　　A.【Shift】　　　　　　B.【Ctrl】　　　　　C.【Alt】　　　　　D.【Esc】

2．（　　）命令会查找与当前选区中像素色调相近的像素，从而扩大选择区域。该命令只扩大到与原选区相连接的区域。

　　　A.【选取相似】　　　B.【全部选择】　　　C.【扩大选取】　　　D.【重新选择】

3．创建选区后，执行【选择】→【变换选区】命令后，选区的边框上将出现八个控制手柄。移动鼠标指针到图像内部，当指针变为（　　）形状时，可以拖动鼠标移动当前选区。

　　　A. ↗　　　　　　　B. ▶　　　　　　　C. ↕　　　　　　　D. ↔

三、简答题

1. 创建好选区后，可以对选区或选区中的图像进行移动操作，选区的移动非常简单，请介绍移动选区的几种操作方式。

2. 使用【选区变换】命令可以对选区进行【缩放】【旋转】【斜切】【透视】【变形】等操作，请简单介绍具体的操作方法。

CC
PHOTOSHOP

第4章
图像的绘制与修饰

　　绘画工具可以像真实的工具一样，在图像中进行自由涂鸦，还能对有缺陷的图像进行修饰和美化，例如，修复脸部斑点、去除杂乱背景等。本章具体介绍绘制和修复图像的基本操作方法。

学习目标

- 学会图像的移动和裁剪
- 熟练掌握颜色填充方法
- 熟练掌握图像的绘制方法
- 熟练掌握图像的修饰方法
- 熟练掌握图像的变换方法

4.1 图像的移动和裁剪

移动图像位置，可以调整画面效果，或者裁剪掉画面中的多余物体，使画面更加和谐完美，下面介绍图像的移动和裁剪。

4.1.1 图像的移动

【移动工具】可以移动图像，选择工具箱中的【移动工具】，其选项栏中常见的参数作用如图4-1所示。

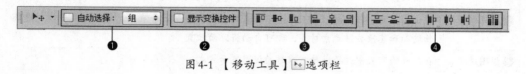

图4-1 【移动工具】选项栏

❶自动选择	如果文档中包含多个图层或组，可勾选该项并在下拉列表中选择要移动的内容。选择【图层】，使用【移动工具】在画面中单击时，可以自动选择工具下面包含像素的最顶层图层；选择【组】，则在画面中单击时，可以自动选择工具下包含像素的最顶层图层所在的图层组
❷显示变换控件	勾选该项以后，选择一个图层时，图层内容的周围就会显示定界框，我们可以拖动控制点来对图像进行变化操作。当文档中图层较多，并且要经常进行变换操作时，该选项非常实用。但平时用处不大
❸对齐图层	选择了两个或者两个以上的图层，可单击相应的按钮将所选图层对齐。这些按钮包括【顶对齐】、【垂直居中对齐】、【底对齐】、【左对齐】、【水平居中对齐】和【右对齐】
❹分布图层	如果选择了3个或3个以上的图层，可单击相应的按钮使所选图层按照一定的规则均匀分布。包括【顶分布】、【垂直居中分布】、【按底分布】、【按左分布】、【水平居中分布】和【按右分布】

接下来通过使用【移动工具】移动图层内的图像，具体操作方法如下。

在【图层】面板中单击要移动的对象所在的图层，如图4-2所示；使用【移动工具】在画面中单击并拖动鼠标即可移动图层中的图像内容，如图4-3所示。

图4-2 选择图层

图4-3 移动对象

4.1.2 图像的裁剪

【裁剪工具】 🔲可以裁除多余图像，选择工具箱中的【裁剪工具】 🔲，其选项栏中常见的参数作用如图4-4所示。

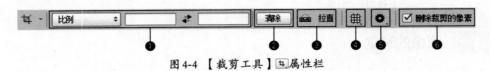

图4-4 【裁剪工具】 🔲属性栏

❶预设裁剪	单击此按钮可打开预设裁剪选项。包括【原始比例】【前面的图像】等预设裁剪方式
❷清除	单击该按钮，可以清除前面设置的【宽度】【高度】和【分辨率】值，恢复空白设置
❸拉直图像	单击【拉直】按钮🔲，在图像上单击并拖动鼠标绘制一条直线，让线与地平线、建筑物墙面和其他关键元素对齐，即可自动将画面拉直
❹视图选项	在打开的列表中选择进行裁剪时的视图显示方式
❺设置其他裁剪选项	单击【设置】按钮🔲，可以打开下拉面板，在该面板中，可以设置其他选项，包括【使用经典模式】和【启用裁剪屏蔽】等
❻删除裁剪的像素	默认情况下，Photoshop CC会将裁剪掉的图像保留在文件中（可使用【移动工具】拖动图像，将隐藏的图像内容显示出来）。如果要彻底删除被裁剪的图像，即可勾选该选项，再进行裁剪

使用【裁剪工具】 🔲裁剪图像的具体操作步骤如下。

步骤01 打开网盘中"素材文件\第4章\单车女孩.jpg"文件，选择【裁剪工具】 🔲，单击并拖出一个矩形裁剪框，如图4-5所示。

步骤02 单击工具选项栏中的【提交当前裁剪操作】按钮 ✅，裁剪后的图像效果如图4-6所示。

图4-5 裁剪图像

图4-6 裁剪图像效果

温馨提示

　　在图像窗口中创建裁剪框后，可以拖动裁剪框四周的控制点，对裁剪框进行放大、缩小、旋转等变换操作。调整好裁剪区域后，在该区域内双击鼠标左键，或按【Enter】键，即可将未框选的图像裁剪掉，如果需要取消当前的裁剪操作，可按【Esc】键。

4.1.3　图像的透视裁剪

【透视裁剪工具】 也可以裁剪图像，但是，使用该工具可以将对象裁剪成另类的透视效果。

课堂范例——制作透视特写效果

步骤01　打开网盘中"素材文件\第4章\小狗.jpg"文件，选择【透视裁剪工具】 ，单击并拖出一个矩形裁剪框，如图4-7所示。

步骤02　拖动裁剪框上的控制点，调整图像的透视角度，如图4-8所示。

图4-7　透视裁剪图像

图4-8　调整裁剪框

步骤03　完成调整后，单击工具选项栏中的【提交当前裁剪操作】按钮 ，透视裁剪后的图像效果如图4-9所示；使用相同的方法再次透视裁剪图像，得到近焦效果，如图4-10所示。

图4-9　透视裁剪效果

图4-10　近焦效果

步骤04　选择【裁剪工具】 ，在图像上拖动鼠标创建裁剪区域，并调整裁剪框的大小，如图4-11所示；按【Enter】键确认裁剪，最终效果如图4-12所示。

图4-11　裁剪图像

图4-12　最终效果

4.2 设置颜色

图像处理的重点是颜色，合理搭配的色彩能够带给人愉悦的心理体验，下面介绍设置颜色的基本方法。

4.2.1 前景色和背景色

工具箱底部有一组前景色和背景色设置图标，在Photoshop CC中，要被用到的颜色都在前景色和背景色中。默认情况下前景色为黑色，背景色为白色，如图4-13所示。

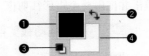

图4-13 前景色和背景色图标

❶设置前景色	该色块中显示的是当前所使用的前景颜色。单击该色块，即可弹出【拾色器（前景色）】对话框，在其中可对前景色进行设置
❷默认前景色和背景色	单击此按钮，即可将当前前景色和背景色调整到默认的前景色和背景色效果状态，按键盘上的【D】键可以快速将前景色和背景色调整到默认的效果
❸切换前景色和背景色	单击此按钮，可使前景色和背景色互换，按键盘上的【X】键，可以快速切换前景色和背景色的颜色
❹设置背景色	该色块中显示的是当前所使用的背景颜色。单击该色块，即可弹出【拾色器（背景色）】对话框，在其中可对背景色进行设置

4.2.2 拾色器

单击工具箱中的前景色或背景色图标，打开【拾色器（前景色）】对话框，如图4-14所示，在【拾色器（前景色）】对话框中，可以定义前景色或背景色的颜色。

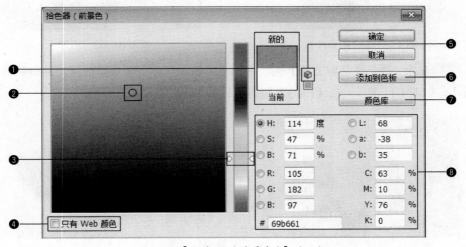

图4-14 【拾色器（前景色）】对话框

❶新的/当前	【新的】颜色块中显示的是当前设置的颜色,【当前】颜色块中显示的是上一次使用的颜色
❷色域/拾取的颜色	在【色域】中拖动鼠标可以改变当前拾取的颜色
❸颜色滑块	拖动颜色滑块可以调整颜色范围
❹只有Web颜色	表示只在色域中显示Web安全色
❺非Web安全色警告	表示当前设置的颜色不能在网上准确显示,单击警告下面的小方块,可以将颜色替换为与其最为接近的Web安全色
❻添加到色板	单击该按钮,可以将当前设置的颜色添加到【色板】面板
❼颜色库	单击该按钮,可以切换到【颜色库】中
❽颜色值	显示当前设置的颜色值。我们也可以输入颜色值来精确定义颜色

4.2.3 吸管工具

【吸管工具】 可以从当前图像中吸取颜色,并将吸取的颜色作为前景色或背景色,选择工具箱中的【吸管工具】 ,其选项栏中常见的参数作用如图4-15所示。

图4-15 【吸管工具】选项栏

❶取样大小	用来设置吸管工具的取样范围。选择【取样点】,可拾取光标所在位置像素的精确颜色;选择【3×3平均】,可拾取光标所在位置3个像素区域内的平均颜色;选择【5×5平均】,可拾取光标所在位置5个像素区域内的平均颜色。其他选项依次类推
❷样本	【当前图层】表示只在当前图层上取样;【所有图层】表示在所有图层上取样
❸显示取样环	勾选该项,可在拾取颜色时显示取样环

使用【吸管工具】 设置前景色的具体步骤如下。

步骤01 打开网盘中"素材文件\第4章\蜡烛.jpg"文件,单击工具箱中的【吸管工具】 ,如图4-16所示。

步骤02 移动鼠标至文档窗口,鼠标指针呈"　"形状,在取样点单击,工具箱中的前景色就替换为取样点的颜色,如图4-17所示。

图4-16 选择【吸管工具】

图4-17 吸取前景色

技能拓展

　　吸取颜色的过程中，按住【Alt】键单击，可拾取单击点的颜色，并将其设置为背景色；如果将光标放在图像上，然后按住鼠标按键在屏幕上拖动，则可以拾取窗口、菜单栏和面板的颜色。

4.2.4　颜色面板

　　执行【窗口】→【颜色】命令，或按【F6】键，可以显示【颜色】面板，当需要设置前景色时，先单击【设置前景色】按钮，然后拖动三角形滑块或者在数值框中输入数字设置颜色，也可以在下面的条形色谱上单击来选择颜色，如图4-18所示。

　　使用【色板】面板可以快速选择前景色和背景色。该面板中的颜色都是系统预设好的，移动鼠标至面板的色块中，此时鼠标指针呈"🖋"形状，单击鼠标即可选择该处色块的颜色，如图4-19所示。

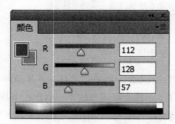

图4-18　【颜色】面板

图4-19　【色板】面板

4.3　绘制图像

　　使用绘图工具可以自由绘制图像，这些工具包括【画笔工具】🖌、【铅笔工具】✏、【颜色替换工具】🖌和【混合器画笔工具】🖌，下面分别进行介绍。

4.3.1　画笔工具

　　【画笔工具】🖌是学习其他绘画工具的基础，画笔边缘柔软度、大小及材质，都可以随意调整，选择工具箱中的【画笔工具】🖌后，其选项栏中常见的参数作用，如图4-20所示。

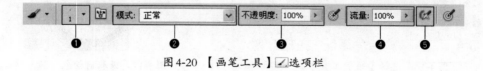

图4-20　【画笔工具】🖌选项栏

❶画笔下拉面板	单击·按钮，打开【画笔预设】选取器，在面板中可以选择笔尖，设置画笔的大小和硬度
❷模式	在下拉列表中可以选择画笔笔迹颜色与下面像素的混合模式
❸不透明度	用来设置画笔的不透明度，该值越低，线条的透明度越高
❹流量	用来设置当光标移动到某个区域上方时应用颜色的速率。在某个区域上方涂抹时，如果一直按住鼠标按键，颜色将根据流动的速率增加，直至达到不透明度设置
❺喷枪	按下该按钮，可以启用喷枪功能，Photoshop CC 会根据鼠标按键的单击程度确定画笔线条的填充数量

1．画笔大小和颜色

选择【画笔工具】☑后，单击其选项栏中的·按钮，可以打开【画笔预设】选取器，如图4-21所示。

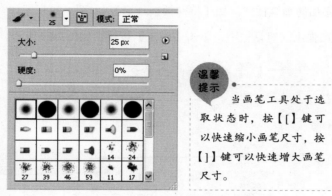

温馨提示：当画笔工具处于选取状态时，按【[】键可以快速缩小画笔尺寸，按【]】键可以快速增大画笔尺寸。

图4-21 【画笔预设】选取器

在【大小】数值框中输入画笔直径大小，单位是像素，即可设置画笔大小，也可直接拖动【大小】下面的滑块设置画笔大小。画笔的颜色是由前景色决定的，所以在使用画笔时，应先设置好所需要的前景色。

2．画笔的硬度

画笔的硬度是用于控制画笔在绘画中的柔软程度。其设置方法和画笔大小一样，只是单位是百分比，当画笔的硬度为100%时，则绘制出的效果边缘就非常清晰，当硬度小于100%时，则表示画笔有不同程度的柔软效果，如图4-22所示。

硬度100%　　硬度50%　　硬度0%

图4-22 画笔硬度大小对比

3. 设置画笔的不透明度和流量

画笔不透明度和流量的设置主要是在选项栏中完成的。在相应的文本框中输入数值后，可以应用【画笔工具】 ✓ 在图像中绘制出透明的效果，【流量】用于设置绘制图像时颜料的多少，设置的数值越小，则绘制的图像效果越不明显。

4. 设置并载入预设画笔样式

画笔的默认样式为正圆形，在参数设置面板最下面的画笔列表框中单击所需的画笔样式，即可将画笔样式设置为选择的画笔样式。在画笔样式列表框中，如果样式不够用，还可以添加其他预设画笔样式，具体操作步骤如下。

步骤01　打开网盘中"素材文件\第4章\背影.jpg"文件，单击其选项栏中的 · 按钮，打开【画笔预设】选取器，单击参数设置面板右上角的【扩展】按钮 ✿，在弹出的菜单中选择需要添加的画笔样式，如【特殊效果画笔】，如图4-23所示。

步骤02　在弹出的对话框中，单击【确定】按钮，如图4-24所示。

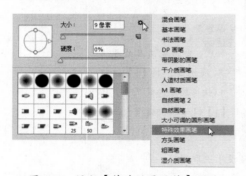

图4-23　添加【特殊效果画笔】预设　　　　　　　　图4-24　单击【确定】按钮

步骤03　使用【特殊效果画笔】预设样式替换当前画笔后，【画笔样式】列表框如图4-25所示。

步骤04　选择【蝴蝶】画笔样式，在图像上单击鼠标左键，绘制出蝴蝶图案，如图4-26所示。

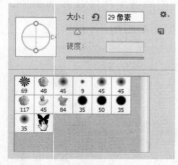

图4-25　画笔列表框　　　　　　　　　　　图4-26　用【蝴蝶】画笔绘制图案

5．使用【画笔】面板

【画笔工具】☑属性可以在选项栏和画笔下拉面板中进行设置，还可以通过【画笔】面板进行更丰富的设置。执行【窗口】→【画笔】命令，或按【F5】键，就可以打开【画笔】面板，如图4-27所示。

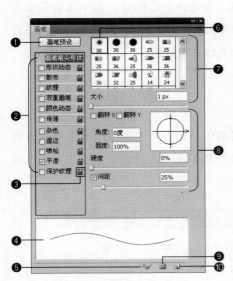

❶画笔预设	可以打开【画笔预设】面板
❷画笔设置	改变画笔的角度、圆度、间距以及为其添加纹理、颜色动态等变量
❸锁定／未锁定	锁定或未锁定画笔笔尖形状
❹画笔描边预览	可预览选择的画笔笔尖形状
❺显示画笔样式	使用毛刷笔尖时，显示笔尖样式
❻选中的画笔笔尖	当前选择的画笔尖
❼画笔笔尖	显示了 Photoshop CC 提供的预设画笔笔尖
❽画笔参数选项	用来调整画笔参数
❾打开预设管理器	可以打开【预设管理器】
❿创建新画笔	对预设画笔进行调整，可单击该按钮，将其保存为一个新的预设画笔

图4-27 【画笔】面板

6．设置画笔的间距

画笔间距指的是单个画笔元素之间的距离，画笔间距单位为百分比，百分比越大，则表示单个画笔元素之间的距离越远。

选择【玫瑰】画笔样式，在【画笔】面板中设置不同的画笔间距，效果如图4-28所示。

图4-28 画笔间距的不同效果

4.3.2 铅笔工具

【铅笔工具】☑和小学生用的铅笔一样，只能绘制刚硬的线条，其操作与设置方法与【画笔工具】■相似。【铅笔工具】■选项栏与【画笔工具】■选项栏也基本相同，多了【自动抹除】设置项。如图4-29所示。

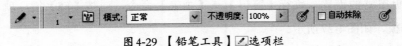

图4-29 【铅笔工具】■选项栏

【自动抹除】项是【铅笔工具】■特有的功能。勾选该复选框后，当图像的颜色与前景色相同时，则【铅笔工具】■会自动抹除前景色而填入背景色；当图像的颜色与背景色相同时，则【铅笔工具】■会自动抹除背景色而填入前景色。

4.3.3 颜色替换工具

【颜色替换工具】■是用前景色替换图像中的颜色，在不同的颜色模式下可以得到不同的颜色替换效果。选择工具箱中的【颜色替换工具】■后，其选项栏中常见的参数作用如图4-30所示。

图4-30 【颜色替换工具】■选项栏

❶模式	包括【色相】【饱和度】【颜色】【亮度】这4种模式。常用的模式为【颜色】模式，也是默认模式
❷取样	取样方式包括【连续】■、【一次】■、【背景色板】■。其中【连续】是以鼠标当前位置的颜色为基准色；【一次】是始终以开始涂抹时的颜色为基准色；【背景色板】是以背景色为颜色基准进行替换
❸限制	设置替换颜色的方式，以工具涂抹时的第一次接触颜色为基准色。【限制】有3个选项，分别为【连续】【不连续】和【查找边缘】。其中，【连续】是以涂抹过程中鼠标当前所在位置的颜色作为基准色来选择替换颜色的范围；【不连续】是指凡是鼠标移动到的地方都会被替换颜色；【查找边缘】主要是将色彩区域之间的边缘部分替换颜色
❹容差	用于设置颜色替换的容差范围。数值越大，则替换的颜色范围也越大
❺消除锯齿	勾选该项，可以为校正的区域定义平滑的边缘，从而消除锯齿

使用【颜色替换工具】■替换图像中的颜色，其具体操作步骤如下。

步骤01 打开网盘中"素材文件\第4章\水杯.jpg"文件，选择【颜色替换工具】■，设置前景色为"黄色#ffff00"，如图4-31所示。

步骤02 再将指针指向图像窗口中，拖动涂抹即可完成颜色的替换。如图4-32所示。

图 4-31 选择【颜色替换工具】

图 4-32 替换颜色

【颜色替换工具】指针中间有一个十字标记，替换颜色边缘的时候，即使画笔直径覆盖了颜色及背景，但只要十字标记在背景的颜色上，就只会替换背景颜色。

4.3.4 混合器画笔工具

【混合器画笔工具】可以混合像素，创建画笔绘画时颜料之间的混合效果。选择工具箱中的【混合器画笔工具】，其选项栏的常用参数作用如图4-33所示。

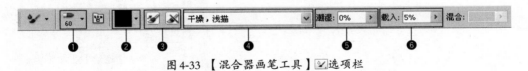
图 4-33 【混合器画笔工具】选项栏

❶画笔预设选取器	单击可打开【画笔预设选取器】对话框，可以选取需要的画笔形状和进行画笔的设置
❷设置画笔颜色	单击可打开【选择绘画颜色】对话框，可以设置画笔的颜色
❸【每次描边后载入画笔】和【每次描边后清理画笔】按钮	单击【每次描边后载入画笔】按扭，完成涂抹操作后将混合前景色进行绘制。单击【每次描边后清理画笔】按扭，绘制图像时将不会绘制前景色
❹预设混合画笔	单击【有用的混合画笔组合】下拉列表后面的【下三角】按钮，可以打开系统自带的混合画笔。当挑选一种混合画笔时，属性栏右边的四个相应选项会自动更改为预设值
❺潮湿	设置从图像中拾取的油彩量，数值越大，色彩量越多
❻载入	可以设置画笔上的色彩量，数值越大，画笔的色彩越多

选择【混合器画笔工具】，在选项栏中设置参数，在目标位置拖动鼠标即可混合颜色，绘制过程分别如图4-34~图4-36所示。

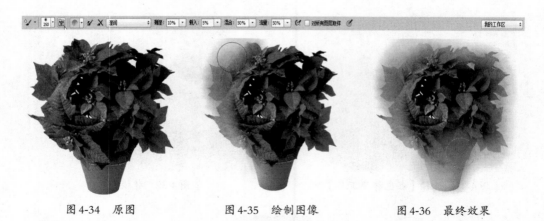

| 图 4-34 原图 | 图 4-35 绘制图像 | 图 4-36 最终效果 |

课堂范例——绘制抽象翅膀

步骤01 打开网盘中"素材文件\第4章\黄裙.jpg"文件，选择【画笔工具】 ，在画笔下拉面板中选择笔尖形状为【柔边圆】，如图4-37所示。

步骤02 单击【画笔工具】选项栏中的【切换画笔面板】按钮 ，弹出【画笔】面板，设置画笔【直径】为"50像素"，画笔【间距】为"42%"，如图4-38所示。

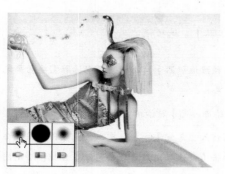

图 4-37 原图

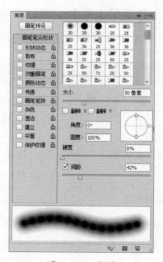

图 4-38 原图

步骤03 在【画笔】面板左侧选择【形状动态】选项，并设置【大小抖动】为"100%"，【最小直径】为"1%"，【角度抖动】和【圆度抖动】为"0%"，如图4-39所示。

步骤04 在【画笔】面板左侧选择【散布】选项，勾选【两轴】复选项，设置【散布】为"200%"，【数量】为"1"，【数量抖动】为"100%"，如图4-40所示。

步骤05 在【画笔】面板左侧选择【颜色动态】选项，设置【前景/背景抖动】为"40%"，【色相抖动】为"40%"，【饱和度抖动】为"0%"，【亮度抖动】为"10%"，【纯度】为10%，在面板左侧勾选【平滑】复选框，如图4-41所示。

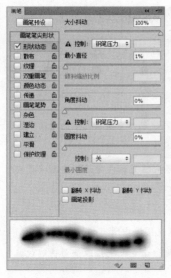

图 4-39　原图

图 4-40　绘制图像

图 4-41　最终效果

步骤06　设置前景色参数为"红色#ff0000"，设置背景色参数为"黄色#ffff00"，在肩部进行绘制，完成翅膀轮廓效果，如图4-42所示。按【[】键两次，缩小画笔，在翅膀内侧绘制，最终效果如图4-43所示。

图 4-42　在肩部绘制图像

图 4-43　最终效果

4.4 填充和描边

填充是为图像填充颜色，描边是为图像添加边框。进行填充操作时，可以使用【油漆桶工具】、【渐变工具】和【填充】命令，进行描边操作时，需要使用【描边】命令。

4.4.1 油漆桶工具

【油漆桶工具】可以为图像填充颜色或图案，是一种傻瓜式的填充工具。选择工具箱中的【油漆桶工具】 后，其选项栏中常见的参数作用如图4-44所示。

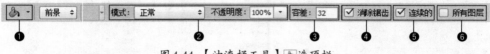

图4-44　【油漆桶工具】 选项栏

❶填充内容	单击右侧的 按钮，可以在下拉列表中选择填充内容，包括【前景色】和【图案】。
❷模式/不透明度	设置填充内容的混合模式和不透明度
❸容差	用来定义必须填充的像素的颜色相似程度。低容差会填充颜色值范围内与单击点非常相似的像素，高容差则填充更大范围内的像素
❹消除锯齿	可以平滑填充选区的边缘
❺连续的	只填充与鼠标单击点相邻的像素；取消勾选时可填充图像中所有相似的像素
❻所有图层	选择该项，表示基于所有可见图层中的合并颜色数据填充像素；取消勾选则仅填充当前图层

使用【油漆桶工具】 给图像填充颜色的操作步骤如下。

步骤01　打开网盘中"素材文件\第4章\闹钟.jpg"文件，选择【油漆桶工具】 ，设置前景色为"浅黄色"，如图4-45所示。

步骤02　将鼠标指针指向图像白色背景处，单击鼠标左键即可填充颜色，填充效果如图4-46所示。

图4-45　选择工具

图4-46　填充颜色

4.4.2　渐变工具

【渐变工具】 是一种色彩填充工具，可以为图像填充类似于彩虹的渐变色彩。下面对【渐变工具】进行具体介绍。

1. 认识【渐变工具】

使用【渐变工具】 可以用渐变效果填充图像或者选择区域，选择【渐变工具】 ，其选项栏中常用的参数作用如图4-47所示。

图 4-47 【渐变工具】▣选项栏

❶渐变颜色条	渐变色条▬▬▬中显示了当前的渐变颜色，单击它右侧的▾按钮，可以在打开的下拉列表中选择一个预设的渐变。如果直接单击渐变颜色条，则会弹出【渐变编辑器】
❷渐变类型	单击【线性渐变】按钮▣，可以创建以直线从起点到终点的渐变；单击【径向渐变】按钮▣，可创建以圆形图案从起点到终点的渐变；单击【角度渐变】按钮▣，可创建围绕起点以逆时针扫描方式的渐变；单击【对称渐变】按钮▣，可创建使用均衡的线性渐变在起点的任意一侧渐变；单击【菱形渐变】按钮▣，以菱形方式从起点向外渐变，终点定义菱形的一个角
❸模式	用来设置应用渐变时的混合模式
❹不透明度	用来设置渐变效果的不透明度
❺反向	可转换渐变中的颜色顺序，得到反方向的渐变效果
❻仿色	勾选该项，可使渐变效果更加平滑。主要用于防止打印时出现条带化现象，但在屏幕上并不能明显地体现出作用
❼透明区域	勾选该项，可以创建包含透明像素的渐变；取消勾选则创建实色渐变

使用【渐变工具】▣填充选择区域的具体操作步骤如下。

步骤01　打开网盘中"素材文件\第4章\捧花.jpg文件"，选择【魔棒工具】🖌，在其选项栏中单击【添加到选区】按钮▣，在图片背景处依次单击创建选区，如图4-48所示。

步骤02　选择【渐变工具】▣，在选项栏中单击渐变色条▬▬▬▾右侧的【下拉】▾按钮，打开【渐变】拾色器，选择【透明彩虹渐变】，单击【径向渐变】按钮▣，设置【模式】为"滤色"，【不透明度】为"50%"，如图4-49所示。

图 4-48　选择空白区域

图 4-49　选择渐变样式

步骤03　将指针指向图像窗口中，在左上角按住鼠标左键拖动到右下角具体操作如图4-50所示。

步骤04　释放鼠标左键，即可为选择区域填充相应的渐变颜色，填充效果如图4-51所示。

图 4-50　拖动鼠标　　　　　　　　图 4-51　填充渐变颜色

温馨
提示

　　选择【渐变工具】■后，在图像中按住鼠标左键不放进行绘制，则起始点到结束点之间会显示出一条提示直线，鼠标拖拉的方向决定填充后颜色倾斜的方向。另外，提示线的长短也会直接影响渐变颜色的最终效果。

2. 渐变工具编辑器

　　选择【渐变工具】■后，在选项栏中，单击渐变色条，可以打开【渐变编辑器】对话框，如图 4-52 所示。

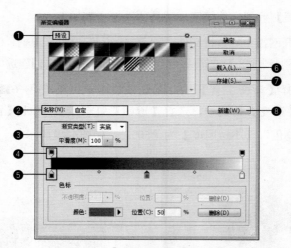

图 4-52　【渐变编辑器】对话框

❶预设	显示 Photoshop CC 提供的基本预设渐变方式。单击图标后，可以设置该样式的渐变，还可以单击其右边的▶按钮，弹出快捷菜单，选择其他的渐变样式
❷名称	在名称文本框中可显示选定的渐变名称，也可以输入新建的渐变名称
❸渐变类型和平滑度	单击【渐变类型】的【下三角】按钮，可选择显示为单色形态的【实底】和显示为多种色带形态的【杂色】两种类型
❹不透明度色标	调整渐变中应用颜色的不透明度，默认值为100，数值越小渐变颜色越透明。

⑤色标	调整渐变中应用的颜色或者颜色的范围，通过拖动调整滑块的方式更改色标的位置。双击色标滑块，弹出【选择色标颜色】对话框，就可以选择需要的渐变颜色
⑥载入	可以在弹出的【载入】对话框中打开保存的渐变
⑦存储	通过【存储】对话框可将新设置的渐变进行存储
⑧新建	在设置新的渐变样式后，单击【新建】按钮，可将这个样式新建到预设框中

（1）载入渐变颜色

在 Photoshop CC 中，系统还预设了许多渐变样式，当用户需要设置更加丰富的渐变效果时，可以载入渐变样式，具体操作方法如下。

在【渐变编辑器】对话框中，单击【预设】栏右边的【扩展】按钮 ，弹出快捷菜单，选择所需要的渐变类型的名称，例如，选择【照片色调】选项，弹出提示对话框，单击【确定】按钮，用【照片色调】渐变预设替换当前的渐变，操作流程如图4-53所示。

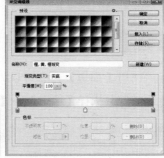

图 4-53　载入预设渐变

（2）自定义渐变颜色

除了使用预设渐变外，用户还可以自定义渐变的颜色。具体操作方法如下。

在【渐变编辑器】对话框中，单击渐变色条下面的空白位置，即可添加一个色标，如图4-54所示；然后在色标栏中单击【颜色】按钮，弹出【拾色器】对话框，在其中设置渐变颜色即可，如图4-55所示。

在渐变色条上方单击可以添加不透明度色标，在下方可以设置不透明度和不透明色标的位置，如图4-56所示。

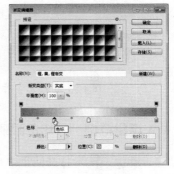

图 4-54　添加色标

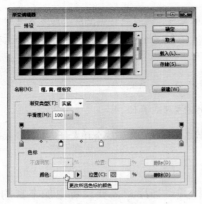

图 4-55 设置色标颜色　　　　　　　　图 4-56 添加不透明度色标

4.4.3 【填充】命令

使用【填充】命令可以在图像中填充颜色或图案，在填充时还可以设置不透明度和混合模式。执行【编辑】→【填充】命令，或按【Shift+F5】组合键，可以打开【填充】对话框，如图4-57所示。

4.4.4 【描边】命令

使用【描边】命令可以为选区描边，在描边时还可以设置混合方式和不透明度，创建选区后，执行【编辑】→【描边】命令，可以打开【描边】对话框，如图4-58所示。

图 4-57 【填充】对话框　　　　　　　图 4-58 【描边】对话框

课堂范例——炫色眼睛特效

步骤01　打开网盘中"素材文件\第4章\眼睛.jpg"文件，如图4-59所示。

步骤02　选择【渐变工具】，在选项栏中单击渐变色条右侧的【下拉】按钮，打开【渐变】拾色器，选择【蓝红黄渐变】，单击【径向渐变】按钮，设置【模式】为"颜色减淡"，【不透明度】为"100%"，如图4-60所示。

图4-59 打开素材

图4-60 设置渐变色

步骤03 从中间向右下方拖动鼠标填充渐变色，如图4-61所示。通过前面的操作，得到渐变色填充效果，如图4-62所示。

图4-61 填充渐变色

图4-62 渐变填充效果

步骤04 使用【椭圆选框工具】创建选区，如图4-63所示。执行【编辑】→【描边】命令，设置【宽度】为"50像素"，颜色为"桃红色"，【模式】为"颜色"，单击【确定】按钮，如图4-64所示。最终效果如图4-65所示。

图4-63 创建选区

图4-64 【描边】对话框

图4-65 【描边】效果

4.5 修饰图像

修饰和美化照片，可以弥补拍摄时的效果缺陷，使照片看起来更加精美，下面介绍修饰工具的使用方法。

4.5.1 污点修复画笔工具

【污点修复画笔工具】可以修复图像中的污点。选择工具箱中的【污点修复画笔工具】 ，其选项栏中常用的参数作用如图4-66所示。

图4-66 【污点修复画笔工具】选项栏

❶ 模式	用来设置修复图像时使用的回合模式
❷ 类型	用来设置修复方法。【近似匹配】的作用为将所涂抹的区域以周围的像素进行覆盖，【创建纹理】的作用为以其他的纹理进行覆盖，【内容识别】是由软件自动分析周围图像的特点，将图像进行拼接组合后填充在该区域并进行融合，从而达到快速无缝的拼接效果
❸ 对所有图层取样	勾选该复选框，可从所有的可见图层中提取数据。取消勾选该复选框，则只能从被选取的图层中提取数据

使用【污点修复画笔工具】修复图像的具体操作方法如下。

【污点修复画笔工具】操作简单，进行图像修复的时候不需要进行取样，将鼠标在修复区域反复拖曳进行涂抹，直到污点消失即可，效果对比如图4-67所示。

图 4-67 修复污点图像

4.5.2 修复画笔工具

使用【修复画笔工具】时，需要先取样，再将取样图像填充到修复区域，修复图像和环境会自然融合。选择工具箱中的【修复画笔工具】，其选项栏中常见的参数作用如图4-68所示。

图4-68 【修复画笔工具】属性栏

❶ 模式	在下拉列表中可以设置修复图像的混合模式
❷ 源	设置用于修复像素的源。选择【取样】，可以从图像的像素中取样；选择【图案】，则可在图案下拉列表中选择一个图案作为取样，效果类似于使用图章图案进行绘制
❸ 对齐	勾选该项，会对像素进行连续取样，在修复过程中，取样点随修复位置的移动而变化；取消勾选，则在修复过程中始终以一个取样点为起始点

④样本	如果要从当前图层及其下方的可见图层中取样，可以选择【当前和下方图层】；如果仅从当前图层中取样，可选择【当前图层】；如果要从所有可见图层中取样，可选择【所有图层】

使用【修复画笔工具】 ✐可以细致地对图像的细节部分进行修复，具体操作步骤如下。

步骤01 打开网盘中"素材文件\第4章\印度女孩.jpg"文件，选择工具箱中【修复画笔工具】 ✐，按住【Alt】键的同时，单击皮肤位置作为取样颜色，如图4-69所示。

步骤02 释放【Alt】键，完成目标取样操作，在需要清除的对象上单击并拖动鼠标进行修复，如图4-70所示。

图4-69 颜色取样

图4-70 图像修复

4.5.3 修补工具

【修补工具】 ⊕首先选择图像，再将选择的图像拖动到修复区域，并融合背景，常用于大面积的图像修复，单击工具箱中的【修补工具】按钮 ⊕，其选项栏中常用的参数作用如图4-71所示。

图4-71 【修补工具】 ⊕选项栏

❶运算按钮	此处是针对应用创建选区的工具进行的操作，可以对选区进行添加等操作
❷修补	用来设置修补方式。选择【源】，当将鼠标指针拖至要修补的区域以后，放开鼠标就会用当前选区中的图像修补原来选中的内容；选择【目标】，会将选中的图像复制到目标区域
❸透明	用于设置所修复图像的透明度
❹使用图案	勾选该复选框后，可以应用图案对所选择的区域进行修复

使用【修补工具】 ⊕修补图像，具体操作步骤如下。

步骤01 打开网盘中"素材文件\第4章\剪影.jpg"文件，选择工具箱中的【修补工具】 ⊕，将鼠标在图像上拖曳创建选区，如图4-72所示。

使用【魔棒工具】【快速选择工具】等工具或命令创建选区后，可以直接用
【修补工具】▣拖动选区内的图像进行修补。

步骤02 释放鼠标后，将【修补工具】▣指向选区内，拖动选区到采样目标区
域，释放鼠标即可完成图像修补，如图4-73所示。

图 4-72　创建选区　　　　　　　　　　　　　　图 4-73　修补图像

4.5.4　红眼工具

【红眼工具】👁可以清除人物红眼或动物绿眼。选择工具箱中的【红眼工具】👁，
其选项栏中常用的参数作用如图4-74所示。

图 4-74　【红眼工具】👁选项栏

❶ 瞳孔大小	可设置瞳孔（眼睛暗色的中心）的大小
❷ 变暗量	用来设置瞳孔的暗度

使用【红眼工具】👁修复红眼的操作方法非常简单，具体步骤如下。

步骤01 打开网盘中"素材文件\第4章\红眼.jpg"文件，选择【红眼工具】👁，
在图像中按住鼠标左键拖曳出一个矩形框选中红眼部分，如图4-75所示。

步骤02 释放鼠标左键即可完成红眼的消除与修正，清除左右两侧红眼后，最终
效果如图4-76所示。

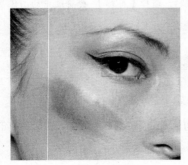

图 4-75　框选红眼　　　　　　　　　　　　　　图 4-76　完成修复红眼

4.5.5 内容感知移动工具

【内容感知移动工具】⊠首先创建选区，再复制或移动图像。画面移动后，保持视觉整体和谐。选择工具箱中的【内容感知移动工具】⊠，其选项栏的常用参数作用如图4-77所示。

图4-77 【内容感知移动工具】⊠选项栏

❶模式	包括【移动】和【扩展】两个选项，【移动】是指移动原图像的位置；【扩展】是指复制原图像的位置
❷计算的宽容度	包括【非常严格】【严格】【中】【松散】和【非常松散】5个选项，用户可以根据画面要求适当进行调节

使用【内容感知移动工具】⊠移动图像的具体操作步骤如下。

步骤01 打开网盘中"素材文件\第4章\单车女孩.jpg"文件，选择工具箱中的【内容感知移动工具】⊠，在人物周围拖动鼠标创建选区，释放鼠标后，鼠标指针经过的区域转化为选区，如图4-78所示。

步骤02 在选项栏中，设置【模式】为扩展，向左侧拖动选区复制对象，释放鼠标后，图像将自动和周围环境进行融合，得到最佳的扩展效果，如图4-79所示。

图4-78 创建选区

图4-79 扩展图像

温馨提示

【内容感知移动工具】⊠移动或复制图像时，因为要计算周围的像素，所以会花费较多的时间，并且在操作过程中，会弹出【进程】对话框，提示用户操作正在进行，如果用户不想等待，可以单击【取消】按钮取消操作。

4.5.6 仿制图章工具

【仿制图章工具】▲可以像盖图章一样。将原图样逐步复制到其他位置中。选取工具箱中的【仿制图章工具】🖋，其选项栏的常用参数作用如图4-80所示。

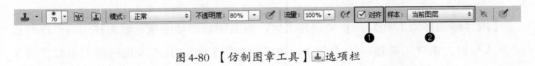

图4-80 【仿制图章工具】🖋选项栏

❶ 对齐	勾选该项，可以连续对对象进行取样；取消选择，则每单击一次鼠标，就都使用初始取样点中的样本像素，因此，每次单击都被视为是另一次复制
❷ 样本	在样本列表框中，可以选择取样的目标范围，分别可以设置【当前图层】【当前和下方图层】和【所有图层】3种取样目标范围

使用【仿制图章工具】🖋复制图像的具体操作步骤如下。

步骤01 打开网盘中"素材文件\第4章\水珠.jpg"文件，选择工具箱中的【仿制图章工具】🖋，将工具指向图像窗口中要采样的目标位置，按住【Alt】键，然后单击鼠标左键进行采样，如图4-81所示。

步骤02 采样完毕后释放【Alt】键，将指针指向图像中的目标位置，拖动鼠标左键进行涂抹即可逐步复制图像，如图4-82所示。

图4-81 原点取样　　　　　　　　图4-82 复制图像

> 温馨提示　使用【仿制图章工具】🖋复制图像时，十字线标记点为原始取样点。该工具常用于修复、掩盖图像中呈点状分布的瑕疵区域。

4.5.7 图案图章工具

【图案图章工具】🖋可以将图案复制到图像中。选择工具箱中的【图案图章工具】🖋，其选项栏的常用参数作用如图4-83所示。

图4-83 【图案图章工具】🖋选项栏

❶对齐	勾选该项，可以保持图案与原始图案的连续性，即使多次单击鼠标也不例外；取消选择时，则每次单击鼠标都重新应用图案。
❷印象派效果	勾选该复选框，绘画选取的图像将会产生模糊、朦胧化的印象派效果。

温馨提示

【图案图章工具】■与【仿制图章工具】■的区别是：【仿制图章工具】■主要复制的是图像本身的效果，而【图案图章工具】■是将自带的图案或者自定义的图案复制到图像中。

课堂范例——眼镜中的世界

步骤01　打开网盘中"素材文件\第4章\眼镜.jpg"文件，如图4-84所示。

步骤02　选择工具箱中的【污点修复画笔工具】■，在白色的线条上拖动鼠标，如图4-85所示。

图4-84　原图

图4-85　修复白色线条

步骤03　释放鼠标后，修复白色线条。图像中还残留红色框体。使用【修补工具】■选中多余的红色框体，如图4-86所示。

步骤04　将选区拖动到右侧，进行图像修复，如图4-87所示。

图4-86　残留红色框体图像

图4-87　修复图像

步骤05　释放鼠标后，残留少量红色图像，如图4-88所示。选择【修复画笔工具】■，按住【Alt】键在干净位置上单击，进行颜色取样，如图4-89所示。

图 4-88　残留少量红色图像

图 4-89　颜色取样

步骤06　拖动鼠标进行图像修复，如图4-90所示。释放鼠标后，得到图像修复效果，如图4-91所示。

图 4-90　图像修复

图 4-91　图像修复效果

步骤07　选择【仿制图章工具】，执行【窗口】→【仿制源】命令，打开【仿制源】面板。在【仿制源】面板中，设置【W】和【H】为"50%"，如图4-92所示。按住【Alt】键，在眼镜框上单击，进行颜色取样，如图4-93所示。

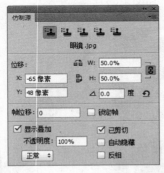

图 4-92　【仿制源】面板

图 4-93　颜色取样

步骤08　拖动鼠标进行图像复制，如图4-94所示。多次释放鼠标进行复制，得到按50%比例缩小的边框图像，如图4-95所示。

图 4-94　复制图像

图 4-95　多次复制图像

4.6 擦除图像

使用【橡皮擦工具】、【背景橡皮擦工具】和【魔术橡皮擦工具】可以对图像中的部分区域进行擦除。

4.6.1　橡皮擦工具

【橡皮擦工具】可以擦除图像。在工具箱中选择【橡皮擦工具】，其选项栏的常用参数作用如图4-96所示。

图 4-96　【橡皮擦工具】选项栏

❶模式	在模式中可以选择橡皮擦的种类。选择【画笔】，可创建柔边擦除效果；选择【铅笔】，可创建硬边擦除效果；选择【块】，擦除的效果为块状
❷不透明度	设置工具的擦除强度，100%的不透明度可以完全擦除像素，较低的不透明度将部分擦除像素
❸流量	用于控制工具的涂抹速度
❹抹到历史记录	勾选该项后，【橡皮擦工具】就具有历史记录画笔的功能

> **温馨提示**
>
> 　使用【橡皮擦工具】时，当作用于背景图层时，被擦除区域则以背景色填充；当作用于普通图层时，擦除区域则显示为透明。

4.6.2 背景橡皮擦工具

【背景橡皮擦工具】用于擦除图像背景，擦除的图像将变为透明，选择工具箱中的【背景橡皮擦工具】，其选项栏的常用参数作用如图4-97所示。

图4-97 【背景橡皮擦工具】选项栏

❶取样	用来设置取样方式。按【连续】按钮，在拖动鼠标时可连续对颜色取样，凡是出现在光标中心十字线内的图像都会被擦除；按【一次】按钮，只擦除包含第一次单击点颜色的图像；按【背景色板】按钮，只擦除包含背景色的图像
❷限制	定义擦除时的限制模式。选择【不连续】，可擦除出现在光标下任何位置的样本颜色；选择【连续】，只擦除包含样本颜色并且互相连接的区域；选择【查找边缘】，可擦除包含样本颜色的连续区域，同时更好地保留形状边缘的锐化程度
❸容差	用来设置颜色的容差范围。低容差仅限于擦除与样本颜色非常相似的区域，高容差可擦除范围更广的颜色
❹保护前景色	勾选该项后，可防止擦除与前景色匹配的区域

> **温馨提示**
> 【背景橡皮擦工具】指针中间有一个十字标记，擦除颜色边缘的时候，即使画笔直径覆盖了颜色及背景，但只要十字标记在背景的颜色上，就只会擦除背景颜色。

4.6.3 魔术橡皮擦工具

【魔术橡皮擦工具】用于擦除与单击点颜色相近的图像。选择工具箱中的【魔术橡皮擦工具】，其选项栏的常用参数作用如图4-98所示。

图4-98 【魔术橡皮擦工具】选项栏

❶消除锯齿	勾选该复选框可以使擦除边缘平滑
❷连续	勾选该复选框后，擦除仅与单击处相邻且在容差范围内的颜色；若不勾选该复选框，则擦除图像中所有符合容差范围内的颜色
❸不透明度	设置所要擦除图像区域的不透明度，数值越大，则图像被擦除得越彻底

4.7 修改像素

【模糊工具】组和【减淡工具】组中的工具可以对图像中的像素进行编辑，常用于图像细节调整，下面分别进行介绍。

4.7.1 模糊与锐化工具

【模糊工具】◯可以柔化图像；【锐化工具】△可以提高像素的清晰度。选择工具以后，在图像中进行涂抹即可。这两个工具的选项栏基本相同，只是【锐化工具】△多了【保护细节】选项，其选项栏中常见的参数作用如图4-99所示。

图4-99 【锐化工具】△选项栏

❶强度	用来设置工具的强度
❷对所有图层取样	如果文档中包含多个图层，勾选该选项，表示使用所有可见图层中的数据进行处理；取消勾选，则只处理当前图层中的数据
❸保护细节	勾选该选项，可以防止颜色发生色相偏移，在对图像进行加深时更好地保护原图像的色调

使用【模糊工具】◯和【锐化工具】△处理图像后，效果对比如图4-100所示。

图4-100 模糊与锐化图像

4.7.2 减淡与加深工具

【减淡工具】🔍可以让图像的颜色减淡；【加深工具】🔍可以让图像的颜色加深。这两个工具的选项栏相同，常见的参数作用如图4-101所示。

图4-101 【减淡工具】🔍选项栏

❶范围	可选择要修改的色调。选择【阴影】，可处理图像的暗色调；选择【中间调】，可处理图像的中间调；选择【高光】，则可处理图像的两部色调
❷曝光度	可以为【减淡工具】或【加深工具】指定曝光。该值越高，效果越明显

4.7.3 涂抹工具

【涂抹工具】使图像产生手指涂抹的画面效果，选择工具箱中的【涂抹工具】，其选项栏常见的参数作用如图4-102所示。

图4-102 【涂抹工具】选项栏

手指绘画	勾选该项后，可以在涂抹时添加前景色；取消勾选，则使用每个描边起点处光标所在位置的颜色进行涂抹

4.7.4 海绵工具

【海绵工具】可以调整图像的鲜艳度。在选项栏中可以设置【模式】【流量】等参数来进行饱和度调整，选择【海绵工具】，其选项栏常见的参数作用如图4-103所示。

图4-103 【海绵工具】选项栏

❶模式	选择【饱和】就是加色，选择【降低饱和度】就是去色
❷流量	用于设置海绵工具的作用强度
❸自然饱和度	勾选该复选框后，可以得到最自然的加色或减色效果

课堂范例——使花朵更加鲜艳

步骤01 打开网盘中"素材文件\第4章\花朵.jpg"文件，如图4-104所示。

步骤02 选择【海绵工具】，在选项栏中，设置【模式】为"加色"，【大小】为"600像素"，【流量】为"50%"，如图4-105所示。

图4-104 原图

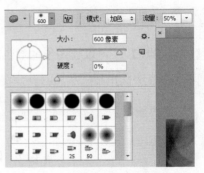

图4-105 设置【海绵工具】

步骤03 在花朵上拖动鼠标进行涂抹，使花朵颜色更加鲜艳，如图4-106所示。

步骤04 在选项栏中，设置【流量】为"20%"，在背景处涂抹，使背景色彩更加鲜明，如图4-107所示。

图4-106 涂抹花朵

图4-107 涂抹背景

步骤05 选择【涂抹工具】，在选项栏中，设置【大小】为"45像素"，【流量】为"50%"，勾选【手指绘画】复选框，如图4-108所示。

步骤06 设置前景色为"白色"，在花朵周围拖动鼠标涂抹颜色；设置前景色为"黄色#fcf417"，继续拖动鼠标涂抹颜色，最终效果如图4-109所示。

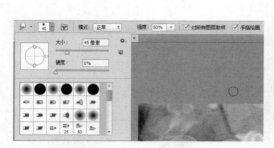

图4-108 设置【涂抹工具】

图4-109 最终效果

4.8 历史记录工具

历史记录工具包括【历史记录画笔工具】和【历史记录艺术画笔工具】，下面分别进行讲述。

4.8.1 历史记录画笔工具

【历史记录画笔工具】可以逐步恢复图像，或将图像恢复为原样。该工具需要配合【历史记录】面板一同使用。

　　在【历史记录】面板中，历史记录画笔的源所处的步骤，就是【历史记录画笔工具】 🖌 恢复
的图像状态。

4.8.2　历史记录艺术画笔工具

　　【历史记录艺术画笔工具】涂抹图像后，会形成一种特殊的艺术笔触效果。选择工具
箱中的【历史记录艺术画笔工具】 🖌 后，其选项栏中的常用参数作用如图4-110所示。

图4-110　【历史记录艺术画笔工具】 🖌 选项栏

❶ 样式	可以选择一个选项来控制绘画描边的形状，包括【绷紧短】【绷紧中】和【绷紧长】等
❷ 区域	用来设置绘画描边所覆盖的区域。该值越高，覆盖的区域越大，描边的数量也越多
❸ 容差	容差值可以限定可应用绘画描边的区域。低容差可用于在图像中的任何地方绘制无数条描边，高容差会将绘画描边限定在与源状态或快照中的颜色明显不同的区域

📖 课堂范例——制作艺术抽象画效果

　　步骤01　打开网盘中"素材文件\第4章\红裙.jpg"文件，如图4-111所示；执行
【图像】→【调整】→【阈值】命令，如图4-112所示。

图4-111　原图

图4-112　【阈值】滤镜效果

　　步骤02　选择【历史记录画笔工具】 🖌 ，然后在图像上逐步进行涂抹，如
图4-113所示；选择【历史记录艺术画笔工具】 🖌 ，在属性栏中，设置【样式】为"松
散卷曲长"，在图像中拖动恢复图像，如图4-114所示。

图 4-113　【历史记录画笔工具】效果　　　　　图 4-114　【历史记录艺术画笔工具】效果

4.9　图像的变换与变形

旋转、缩放、斜切、扭曲是图像变换的基本方式，其中，旋转和缩放称为变换操作；斜切和扭曲称为变形操作。下面分别进行介绍。

4.9.1　变换中心点

执行变换命令时，对象周围会出现一个定界框，定界框中央有一个中心点，周围有控制点。默认情况下，中心点位于对象的中心，它用于定义对象的变换中心，拖动可以移动它的位置，如图 4-115 所示。

图 4-115　移动变换中心点

4.9.2　缩放变换

执行【编辑】→【变换】→【缩放】命令，显示定界框，将鼠标指针放在定界框四周的控制点上，当光标变成"↘"形状，单击并拖动鼠标可缩放对象。如果要等比例缩放，可在缩放时同时按住【Shift+Alt】组合键，如图4-116所示。

图 4-116　缩放变换

4.9.3　旋转变换

执行【编辑】→【自由变换】命令，显示
定界框，将鼠标指针放在定界框外，当光标变
成"↷"形状时，单击并拖动鼠标可以旋转对
象，操作完成后，在定界框内双击鼠标确认，
如图4-117所示。

图 4-117　旋转变换

4.9.4　斜切变换

执行【编辑】→【变换】→【斜切】命令，
显示变换框，将光标放在变换框外侧，光标会变
成"▸‡"或"▸►"形状，单击并拖动鼠标可以沿
垂直或水平方向斜切对象，如图4-118所示。

图 4-118　斜切变换

4.9.5　扭曲变换

执行【编辑】→【变换】→【扭曲】命令，显示变换框，将光标放在变换框周围的
控制点上，光标会变成"▸"形状，单击并拖动鼠标可以扭曲对象，如图4-119所示。

图 4-119　扭曲变换

4.9.6　透视变换

执行【编辑】→【变换】→【透视】命令，显示变换框，将光标放在变换框周围的控制点上，光标会变成"▶"形状，单击并拖动鼠标可进行透视变换，如图4-120所示。

图 4-120　透视变换

4.9.7　变形对象

执行【编辑】→【变换】→【变形】命令，显示变形网格，将光标放在网格内，光标变成"▶"形状，单击并拖动鼠标可进行变形对象，如图4-121所示。

> **温馨提示**
> 执行【编辑】→【自由变换】命令，或按【Ctrl+T】组合键，可以进入变换状态，在变换框内部右击，可以打开快捷菜单，选择相应的变换命令即可。

图 4-121　变形操作

4.9.8 操控变形

操控变形功能强大，就像在木偶的关节上放置图钉，拖动图钉就可以改变木偶的肢体动作。

温馨提示

单击一个图钉以后，按下【Delete】键可将其删除。此外，按住【Alt】键单击图钉也可以将其删除。如果要删除所有图钉，可在变形网格上单击右键，打开快捷菜单，选择【移去所有图钉】命令。

课堂范例——调整天鹅肢体动作

步骤01　打开网盘中"素材文件\第4章\天鹅.psd"文件，选择【图层1】，如图4-122所示；执行【编辑】→【操控变形】命令，在天鹅图像上显示变形网格，在天鹅关键位置单击，添加图钉，如图4-123所示。

图 4-122　选择图层

图 4-123　显示变形网格并添加图钉

步骤02　拖动图钉，改变天鹅的肢体动作，如图4-124所示。

步骤03　单击选项栏中的【提交操控变形】按钮✔，确认变换，效果如图4-125所示。

图 4-124　拖动图钉

图 4-125　确认操控变形

步骤04　执行【编辑】→【变换】→【缩放】命令，进入缩放变换状态，如图4-126所示。拖动左下角的变换点，放大天鹅，效果如图4-127所示。

图4-126　进入缩放状态

图4-127　最终效果

课堂问答

通过本章的讲解，大家对绘图与修改工具、填充方法和图像变换有了一定的了解，下面列出一些常见的问题供学习参考。

问题 ❶：如何将前景色添加到色板中？

答：将前景色添加到色板中的具体操作步骤如下。

步骤01　执行【窗口】→【色板】命令，可以打开【色板】面板，如图4-128所示。

步骤02　在【色板】面板中，单击【创建前景色的新色板】按钮 ，弹出【色板名称】对话框，在对话框中，输入色板名称，单击【确定】按钮，如图4-129所示；通过前面的操作，即可添加色样，如图4-130所示。

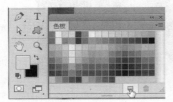

图4-128　【色板】面板

图4-129　【色板名称】对话框

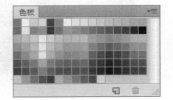

图4-130　添加色块

问题 ❷：使用【历史记录画笔工具】 恢复图像失败是什么原因？

答：打开一幅图像并进行处理后，使用【历史记录画笔工具】 可以恢复图像效果。但是，如果在图像处理过程中，更改了图像大小、画布大小和分辨率等参数，【历史记录画笔工具】 将不能通过像素对应恢复原始图像。

问题 ❸：如何吸取窗口其他区域的颜色值？

答：使用【吸管工具】 除了可以吸取图像颜色外，还可以吸取窗口、菜单栏和面板的颜色，具体操作方法如下。

打开任意图像，选择【吸管工具】 ，在图像中单击吸取目标颜色，如图4-131所示；按住鼠标在屏幕上拖动，吸取面板颜色，如图4-132所示。

图4-131　吸取图像颜色　　　　　　　　　　　图4-132　吸取面板颜色

上机实战——为图像添加装饰效果

通过本章的学习，为了让读者能巩固本章知识点，下面讲解一个技能综合案例，使大家对本章的知识有更深入的了解。

效果展示

素材　　　　　　　　　　　　　　　　　　　　　　效果

思路分析

如果图像的背景是单色的，例如纯黑或者纯白，画面带给人的整体冲击力就不够强烈。如果给这样的图像添加一些装饰，就会得到完全不同的视觉感受。

本例首先载入预设画笔，然后在【画笔】面板中设置画笔属性，最后在黑色背景中绘制有层次感的图像，得到最终效果。

制作步骤

步骤01　打开网盘中"素材文件\第4章\彩色头饰.jpg"文件，如图4-133所示。

步骤02　选择工具箱中的【画笔工具】。在选项栏中，单击右侧的【扩展】 按钮，在下拉列表框中，单击右上角的【扩展】按钮✿，选择【特殊效果画笔】，如图4-134所示。

图 4-133　原图

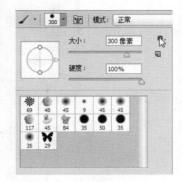

图 4-134　设置画笔

步骤03　载入【特殊效果画笔】后，单击选择【同心圆链】画笔，如图4-135所示。

步骤04　执行【窗口】→【画笔】命令或按【F5】快捷键，打开【画笔】面板，单击【画笔笔尖形状】选项，设置【硬度】为"50%"，【间距】为"20%"，如图4-136所示。

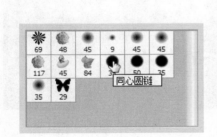

图 4-135　选择画笔

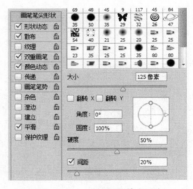

图 4-136　设置画笔间距

步骤05　在【画笔】面板中，勾选【形状动态】复选框，设置【大小抖动】为"68%"，如图4-137所示。

图 4-137　设置形状动态

步骤06　在【画笔】面板中，勾选【散布】复选框，设置【散布】为"771%"，如图 4-138 所示。

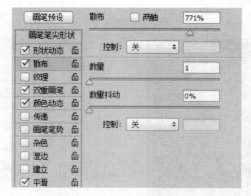

图 4-138　设置散布

步骤07　在【画笔】面板中，勾选【颜色动态】复选框，设置【前景/背景抖动】为"25%"，如图 4-139 所示。

步骤08　设置适当的画笔大小，在图像中拖动鼠标绘制图像，如图 4-140 所示。

图 4-139　设置颜色动态

图 4-140　绘制图像

步骤09　在图像中拖动鼠标绘制图像，如图 4-141 所示。

步骤10　在图像中拖动鼠标绘制图像层次效果，如图 4-142 所示。

图 4-141　继续绘制图像

图 4-142　最终效果

同步训练——为人物添加艳丽妆容

通过上机实战案例的学习，为了增强读者的动手能力，下面安排一个同步训练案例，让读者达到举一反三、触类旁通的学习效果。

图解流程

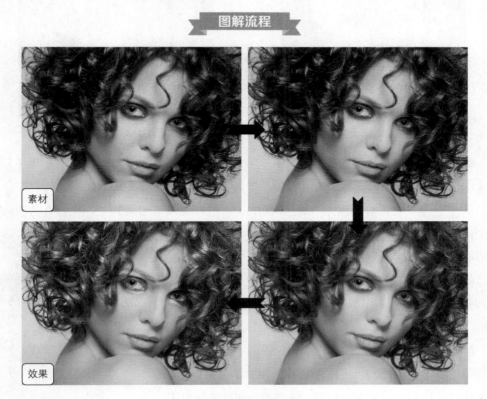

思路分析

人物彩妆是一种潮流，艳丽而不俗气的彩妆可以提升人的气质，成为时尚的引领者，使用 Photoshop CC，可以为淡妆图像添加人物彩妆。

本例首先使用【颜色替换工具】为人物添加唇彩和发色，接下来继续使用【颜色替换工具】为人物添加眼影，最后使用【画笔工具】为人物添加腮红，完成效果制作。

关键步骤

步骤01　打开网盘中"素材文件\第4章\卷发.jpg"文件，设置前景色为"洋红色 #ff00ff"。选择工具箱中的【颜色替换工具】，选择合适的画笔大小，在嘴唇上涂抹，进行颜色替换。

步骤02　选择【混合器画笔工具】，在色彩边缘处涂抹，混合色彩，使色彩更加自然，如图4-143所示。

步骤03 选择【减淡工具】 ，在下嘴唇位置拖动鼠标，创建高光效果，如图4-144所示。

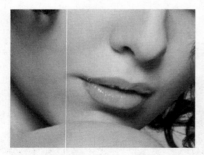
图4-143 混合图像

图4-144 减淡图像

步骤04 选择【颜色替换工具】 在人物头发位置涂抹，在【图层】面板中，单击【创建新图层】按钮，新建【图层1】，更改图层混合模式为【叠加】。

步骤05 设置前景色为"绿色#00ff00"，选择【画笔工具】 ，选择合适的画笔大小，在上眼皮处绘制眼影，设置前景色为"黄色#ffff00"，选择【画笔工具】 ，选择合适的画笔大小，在下眼皮处绘制眼影。

步骤06 选择【颜色替换工具】 在人物头发位置涂抹，在【图层】面板中，更改【图层1】不透明度为80%，如图4-145所示。

步骤07 在【图层】面板中，单击【创建新图层】按钮 ，新建【图层2】，更改图层混合模式为【叠加】，选择【画笔工具】 ，在选项栏中，选择柔边圆画笔设置【大小】为"150像素"，【硬度】为"0%"，如图4-146所示。

图4-145 新建并混合图层

步骤08 分别在人物两腮处单击，绘制腮红图像，如图4-147所示。更改【图层2】图层不透明度为"55%"，如图4-148所示。

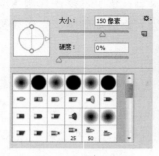
图4-146 设置画笔

图4-147 绘制腮红

图4-148 降低图层不透明度

步骤09 在【图层】面板中，单击【背景】图层。选择【历史记录画笔工具】 ，在选项栏中，设置【不透明度】为"20%"，在嘴唇处涂抹，减淡过艳的唇彩。

✎ **知识能力测试**

本章讲解了图像的绘制与修饰的常用工具，为对知识进行巩固和考核，布置相应的练习题。

一、填空题

1．填充是指在图像或选区内填充颜色，进行填充操作时，可以使用_____、_____、_____进行填充。

2．在Photoshop CC中，使用_____、_____、_____可以对图像中的部分区域进行擦除。

3．图像变换的基本方式包括_____、_____、_____、_____、_____等操作，不同的变换方式有不同的变换效果。

二、选择题

1．在Photoshop CC中提供的图像修复工具中，通过以下哪个工具可以快速消除动物写真中的绿眼现象？（ ）

  A．【污点修复画笔工具】▱   B．【修复画笔工具】▱

  C．【修补工具】▦   D．【红眼工具】▱

2．使用（ ），可以参照画面中周围的环境、光源，对多余的部分进行剪切、粘贴的修整，使画面移动后，视觉整体和谐。

  A．【内容感知移动工具】▱ B．【模糊工具】▱

  C．【海绵工具】▱   D．【涂抹工具】▱

3．使用【裁剪工具】▱裁剪图像时，调整好裁剪区域后，在该区域内双击鼠标左键，或按（ ）键，即可将未框选的图像裁剪掉，如果需要取消当前的裁剪操作，可按【Esc】键。

  A．【Enter】 B．【Shift】 C．【Alt】 D．【Tab】

三、简答题

1．请简单回答擦除图像需要使用哪些工具，这些工具之间的区别是什么？擦除背景图层和普通图层的区别在哪里？

2．【历史记录画笔】▱和【历史记录艺术画笔工具】▱的主要作用是什么？哪种情况下应该选择【历史记录艺术画笔工具】▱？

CC
PHOTOSHOP

第5章
图层的基本应用

在 Photoshop CC 中，图层就像翻开的一页页纸张，正因为有了图层，才使得 Photoshop 具有强大的图像效果处理与艺术加工的功能。通过本章的学习希望用户了解图层的概念以及掌握图层的基本操作。

学习目标

- 了解图层的基础知识
- 熟练掌握图层的基础操作
- 熟练掌握图层组的应用
- 了解图层不透明度和混合模式
- 熟练添加图层样式
- 熟练掌握图层的其他应用

5.1 图层的基础知识

图层是 Photoshop CC 中很重要的一部分，图层也成为很多图像软件的基础之一。通过图层，用户可以设定图像的合成效果，或者编辑图层的一些特效来丰富图像艺术效果。

5.1.1 认识图层的功能作用

图层就如同堆叠在一起的透明纸，每一张纸上面都保存着不同的图像，可以透过上面图层的透明区域看到下面图层的内容。每个图层中的对象都可以单独处理，而不会影响其他图层中的内容，图层可以移动，也可以调整前后顺序。

5.1.2 熟悉图层面板

图层面板中显示了图像中的所有图层、图层组和图层效果，可以使用图层控制面板上的相关功能来完成一些图像编辑任务，如创建、隐藏、复制和删除图层等。执行【窗口】→【图层】命令，可以打开【图层】面板，如图 5-1 所示。

图 5-1　【图层】面板

❶选取图层类型	当图层数量较多时，可在选项下拉列表中选择一种图层类型（包括名称、效果、模式、属性、颜色），让【图层】面板只显示此类型图层，隐藏其他类型的图层
❷设置图层混合模式	用来设置当前图层的混合模式，使之与下面的图像产生混合
❸锁定按钮	用来锁定当前图层的属性，使其不可被编辑，包括图像像素、透明像素和位置
❹图层显示标志	显示该标志的图层为可见图层，单击它可以隐藏图层。隐藏的图层不能被编辑
❺快捷图标	图层操作的常用快捷按钮，主要包括【链接图层】【图层样式】【新建图层】【删除图层】等按钮
❻锁定标志	显示该图标时，表示图层处于锁定状态
❼填充	设置当前图层的填充不透明度，它与图层的不透明度类似，但只影响图层中绘制的像素和形状的不透明度，不会影响图层样式的不透明度

⑧不透明度	设置当前图层的不透明度，使之呈现透明状态，从而显示出下面图层中的内容
⑨打开/关闭图层过滤	单击该按钮，可以启动或停用图层过滤功能

图层的基础操作

图层的基础操作包括新建、复制、删除、合并图层，以及调整图层顺序等，这些操作都可以通过【图层】菜单中的相应命令或在【图层】面板中完成。下面介绍常用的操作。

5.2.1 创建图层

新建的图层一般位于当前图层的最上方，单击【图层】面板下方的【创建新图层】按钮🖿，如图5-2所示，即可在当前图层的上方创建新图层，如图5-3所示。

图5-2 单击【创建新图层】按钮🖿

图5-3 得到新图层

技能拓展

按住【Ctrl】键的同时单击【创建新图层】按钮，可在当前图层的下面新建一个图层，但是【背景】图层除外。

5.2.2 重命名图层

新建图层时，默认名称为【图层1】【图层2】……依次类推，为了方便对图层进行管理，一般需要对图层进行重新命名，具体操作方法如下。

在【图层】控制面板中，直接双击图层名称，这时，图层名称就进入可编辑状态，如图5-4所示，然后修改名称即可，如图5-5所示。按【Enter】键确认重命名操作，效果如图5-6所示。

图 5-4 进入文字编辑状态

图 5-5 输入新名称

图 5-6 确认操作

技 能 拓 展

　　执行【图层】→【新建】→【通过拷贝的图层】命令或者按【Ctrl+J】组合键，可以将选区内容复制到新图层；执行【图层】→【新建】→【通过剪切的图层】命令或按【Shift+Ctrl+J】组合键，可以将选区内容剪切到新图层。

5.2.3 选择图层

　　单击【图层】面板中的一个图层即可选择该图层，它会成为当前图层。这个是最基本的选择方法，其他图层的选择方法如下表所示。

选择多个图层	如果要选择多个相邻的图层，可以单击第一个图层，按住【Shift】键单击最后一个图层；如果要选择多个不相邻的图层，可按住【Ctrl】键单击这些图层
选择所有图层	执行【选择】→【所有图层】命令，即可选择【图层】面板中所有的图层
选择相似图层	执行【选择】→【选择相似图层】命令，即可选择类型相似的所有图层
选择链接的图层	选择一个链接图层，执行【图层】→【选择链接图层】命令，可以选择与之链接的所有图层
取消选择图层	如果不想选择任何图层，可在面板中最下面一个图层下方的空白处单击，也可执行【选择】→【取消选择图层】命令

5.2.4 复制和删除图层

　　复制图层可将选定的图层进行复制，得到一个与原图层相同的图层。当某个图层不再需要时，可将其删除以最大限度降低图像文件的大小，复制和删除图层的常用具体操作方法如下。

　　步骤01　在【图层】面板中，选择需要复制的图层，如【背景】图层，如图5-7所示。将其拖动到面板底部的【创建新图层】按钮处，如图5-8所示。通过前面的操作，得到【背景 拷贝】图层，如图5-9所示。

图 5-7　选择图层

图 5-8　拖动图层

步骤02　在【图层】面板中，选择需要删除的图层，如【图层1】，如图5-10所示。将其拖动到面板底部的【删除图层】按钮🗑处，如图5-11所示。通过前面的操作，删除【图层1】，如图5-12所示。

图 5-9　复制图层

图 5-10　选择图层

图 5-11　拖动图层

图 5-12　删除图层

在【图层】面板中选定需要删除的图层，按【Delete】键可以快速删除该图层。

5.2.5　显示与隐藏图层

图层缩览图左侧的【指示图层可见性】图标●是用于控制图层的可见性。有该图标的图层为可见的图层，如图5-13所示。无该图标的图层是隐藏的图层，如图5-14所示。在该图标处单击，可以隐藏和显示该图层。

图 5-13　显示图层

图 5-14　隐藏图层

技能拓展

在【图层】面板中，按住【Alt】键，单击图层名称前面的【指示图层可见性】图标，可以在图像文件中仅显示该图层中的图像；若再次按住【Alt】键单击该图标，则重新显示刚才隐藏的所有图层。

5.2.6　调整图层顺序

在【图层】面板中，图层是按照创建的先后顺序排列的，如图5-15所示。将一个图层拖动到另外一个图层的上面（或下面），如图5-16所示，即可调整图层的堆叠顺序，如图5-17所示。改变图层顺序会影响图像的显示效果。

图 5-15　原图层顺序

图 5-16　调整图层顺序

图 5-17　新图层顺序

技能拓展

在【图层】面板中，选择需要调整叠放顺序的图层，按【Ctrl+[】组合键可以将其向下移动一层；按【Ctrl+]】组合键可以将其向上移动一层；按【Ctrl+Shift+]】组合键可将当前图层置为顶层；按【Ctrl+Shift+[】组合键，可将当前图层置于最底层。

5.2.7 链接和取消图层

如果要同时处理多个图层，可以将这些图层链接在一起。在【图层】面板中选择两个或者多个图层，如图5-18所示，单击【链接图层】按钮，如图5-19所示，即可将它们链接，如图5-20所示。再次单击该按扭，可以取消图层链接。

图5-18　选择图层　　　　　　　图5-19　单击按钮　　　　　　　图5-20　链接图层

5.2.8 锁定图层

图层被锁定后，将限制图层编辑的内容和范围，被锁定的内容将不会受到编辑图层中其他内容的影响。【图层】面板的锁定组中提供了4个不同功能的【锁定】按钮，如图5-21所示。

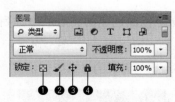

图5-21　【锁定】按钮

❶锁定透明像素	单击该按钮，则图层或图层组中的透明像素被锁定。当使用绘制工具绘图时，将只对图层非透明的区域（即有图像的像素部分）生效
❷锁定图像像素	单击该按钮，可以将当前图层保护起来，使之不受任何填充、描边及其他绘图操作的影响
❸锁定位置	用于锁定图像的位置，使之不能对图层内的图像进行移动、旋转、翻转和自由变换等操作，但可以对图层内的图像进行填充、描边和其他绘图的操作
❹锁定全部	单击该按钮，图层部全部被锁定，不能移动位置、不可执行任何图像编辑操作，也不能更改图层的不透明度和图像的混合模式

5.2.9 栅格化图层

如果要使用绘画工具和滤镜编辑文字图层、形状图层、矢量蒙版或智能对象等包含矢量数据的图层，需要先将其栅格化，使图层中的内容转换为栅格图像，然后才能够进行相应的编辑。选择需要栅格化的图层，执行【图层】→【栅格化】命令即可。

5.2.10 合并图层

图层、图层组和图层样式的增加会占用计算机的内存和暂存盘，从而导致计算机的运行速度变慢。将相同属性的图层进行合并，不仅便于管理，还可减少所占用的磁盘空间，以加快操作速度。

1．合并图层

如果要合并两个或者多个图层，可以在【图层】面板中将它们选中，如图 5-22 所示，执行【图层】→【合并图层】命令，两个图层合并，合并后的图层使用上面图层的名称，如图 5-23 所示。

图 5-22　选择图层　　　　　　　图 5-23　合并图层

2．向下合并图层

如果想要将一个图层与它下面的图层合并，可以选择该图层，然后执行【图层】→【向下合并】命令，或按【Ctrl+E】组合键，合并后的图层使用下面图层的名称。

3．合并可见图层

如果要合并所有可见的图层，可执行【图层】→【合并可见图层】命令，或按【Shift+Ctrl+E】组合键，它们会合并到【背景】图层中。

4．拼合图层

如果要将所有图层都拼合到【背景】图层中，可以执行【图层】→【拼合图像】命令。如果有隐藏的图层，则会弹出一个提示框，询问是否删除隐藏的图层。

5．盖印图层

盖印是一种特殊的图层合并方法，它可以将多个图层中的图像内容合并到一个图层中，并保持原有图层完好无损。如果想要得到某些图层的合并效果，而又要保持原图层完整时，盖印是最佳的解决办法。

按【Shift+Ctrl+Alt+E】组合键可以盖印所有可见图层，在图层面板最上方自动创建图层。

按【Ctrl+Alt+E】组合键可以盖印多个选定图层或链接图层，如图5-24所示。Photoshop CC将自动创建一个包含合并内容的新图层，如图5-25所示。

图 5-24　选择图层　　　　　　　　　　　图 5-25　盖印图层

5.2.11　对齐和分布图层

在编辑图像文件时，常需要将图层中的对象进行对齐操作或者按一定的距离进行平均分布，下面分别进行介绍。

1．对齐图层

如果要将多个图层中的图像内容对齐，可以在【图层】面板中选择图层，然后执行【图层】→【对齐】命令，在弹出的子菜单中选择相应的对齐命令。

顶对齐	所选图层对象将以位于最上方的对象为基准，进行顶部对齐
垂直居中	所选图层对象将以位置居中的对象为基准，进行垂直居中对齐
底对齐	所选图层对象将以位于最下方的对象为基准，进行底部对齐
左对齐	所选图层对象将以位于最左侧的对象为基准，进行左对齐
水平居中	所选图层对象将以位于中间的对象为基准，进行水平居中对齐
右对齐	所选图层对象将以位于最右侧的对象为基准，进行右对齐

2．分布图层

进行图层分布操作先选择好要进行分布操作的图层，然后执行【图层】→【分布】子菜单中的命令进行操作。

按顶分布	可均匀分布各链接图层或所选择的多个图层的位置，使它们最上方的图像间隔同样的距离
垂直居中分布	可将所选图层对象间垂直方向的图像相隔同样的距离
按底分布	可将所选图层对象间最下方的图像相隔同样的距离
按左分布	可将所选图层对象间最左侧的图像相隔同样的距离

水平居中分布	可将所选图层对象间水平方向的图像相隔同样的距离
按右分布	可将所选图层对象间最右侧的图像相隔同样的距离

温馨
提示

选择需要对齐和分布的图层后，单击【移动工具】选项栏的相应按钮，可以快速对齐和分布图层对象。

课堂范例——添加小花装饰

步骤01 打开网盘中"素材文件\第5章\海底.jpg"文件，如图5-26所示。

步骤02 选择【魔棒工具】，在选项栏中单击【添加到选区】按钮，在右下方的黄色花朵上单击，创建选区，如图5-27所示。

图5-26 原图   图5-27 创建选区

步骤03 按【Ctrl+J】组合键，复制图层。在【图层】面板中，自动生成【图层1】，如图5-28所示。

步骤04 双击【图层1】文本，进行文字编辑，更改图层名称为"中花"，如图5-29所示。

步骤05 拖动【中花】图层到面板底部的【创建新图层】按钮处，复制图层，命名为"小花"，如图5-30所示。

图5-28 通过复制生成图层   图5-29 图层更名   图5-30 复制图层

步骤06 单击选择【中花】图层，如图5-31所示。将对象移动到左侧适当位置，如图5-32所示。执行【编辑】→【变换】→【扭曲】命令，扭曲变换图像，如图5-33所示。

图5-31　选择图层　　　　图5-32　移动图像　　　　图5-33　变换图像

步骤07 单击选择【小花】图层，如图5-34所示。将对象移动到右侧适当位置，如图5-35所示。

步骤08 执行【编辑】→【变换】→【变形】命令，变形图像，效果如图5-36所示。

图5-34　选择图层　　　　图5-35　移动图像　　　　图5-36　变形图像

5.3 图层组的应用

图层组可以像普通图层一样进行编辑，例如，进行移动、复制、链接、对齐和分布。使用图层组来管理图层，可以使图层操作更加容易。

5.3.1 创建图层组

单击【图层】面板下面的【创建新组】按钮，即可新建组。

将一个图层拖入图层组内，可将其添加到图层组中，如图5-37所示；将图层组中的图层拖出组外，可将其从图层组中移除，如图5-38所示。

图 5-37 将图层移入图层组

图 5-38 将图层移出图层组

5.3.2 取消图层组

如果不需要用图层组进行图层管理，可以将其取消，并保留图层，选择该图层组，执行【图层】→【取消图层编组】命令，或按【Shift+Ctrl+G】组合键即可。

5.3.3 删除图层组

如果要删除图层组及组中的图层，可以将图层组拖动到【图层】面板的【删除图层】按钮📱上。

图层不透明度和混合模式

设置图层不透明度可以让图层中的内容产生透明效果。在【图层】面板中，图层之间使用叠加方式形成的颜色显示方式称为图层混合模式，应用图层混合模式可以制作出许多特殊效果。

5.4.1 图层不透明度

【图层】面板中有两个控制图层不透明度的选项:【不透明度】和【填充】。其中,【不透明度】用于控制图层、图层组中绘制的像素和形状的不透明度,如果对图层应用了图层样式,则图层样式的不透明度也会受到该值的影响。【填充】只影响图层中绘制的像素和形状的不透明度,不会影响图层样式的不透明度。

技能拓展

按键盘中的数字即可快速更改图层的不透明度。如按【3】,不透明度会变为30%;按【33】,不透明度会变为33%;按【0】,不透明度会恢复为100%。

5.4.2 图层混合模式

在【图层】面板中选择一个图层，单击面板顶部的⇌按钮，在打开的下拉列表中可以选择一种混合模式，混合模式分为6组，如图5-39所示。

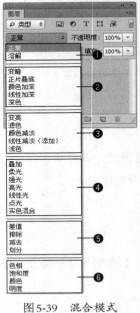

图5-39　混合模式

❶	组合	该组中的混合模式需要降低图层的不透明度才能产生作用
❷	加深	该组中混合模式可以使图像变暗，在混合过程中，当前图层中的白色将被底色较暗的像素替代
❸	减淡	该组与加深模式产生的效果相反，它们可以使图像变亮。在使用这些混合模式时，图像中的黑色会被较亮的像素替换，而任何比黑色亮的像素都可能加亮底层图像
❹	对比	该组中的混合模式可以增强图像的反差。在混合时，50%的灰色会完全消失，任何亮度值高于50%灰色的像素都可能加亮底层的图像，亮度值低于50%灰色的像素则可能使底层图像变暗
❺	比较	该组中的混合模式可以比较当前图像与底层图像，然后将相同的区域显示为黑色，不同的区域显示为灰度层次或彩色。如果当前图层中包含白色，白色的区域会使底层图像反相，而黑色不会对底层图像产生影响
❻	色彩	使用该组混合模式时，Photoshop CC会将色彩分为色相、饱和度和亮度3种成分，然后再将其中的一种或两种应用在混合后的图像中

📖 课堂范例——浪漫花海场景

步骤01　打开网盘中"素材文件\第5章\牡丹.jpg"文件，如图5-40所示。打开网盘中"素材文件\第5章\紫色花海.jpg"文件，如图5-41所示。

图5-40　打开牡丹图像

图5-41　打开紫色花海图像

步骤02 拖动"紫色花海"到"牡丹"文件中，如图5-42所示。切换到"牡丹"文件中，按【Ctrl+T】组合键，执行自由变换操作，增高图像，如图5-43所示。

图5-42 拖动图像　　　　　　　　图5-43 增高图像

步骤03 在【图层】面板中，在左上角的【设置图层的混合模式】下拉列表框中，选择【滤色】选项，如图5-44所示。图层混合效果如图5-45所示。

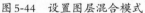

图5-44 设置图层混合模式　　　　图5-45 滤色图层混合效果

步骤04 按【Ctrl+J】组合键复制图层，生成【图层1拷贝】，如图5-46所示。滤色效果更加突出，如图5-47所示。

图5-46 复制图层　　　　　　　图5-47 两层滤色图层混合效果

步骤05 更改【图层1拷贝】图层混合模式为"实色混合"，如图5-48所示。图层混合效果如图5-49所示。

图 5-48　更改图层混合模式

图 5-49　实色混合效果

步骤06　在【图层】面板中，更改右上角的【不透明度】选项为"20%"，如图 5-50 所示。通过前面的操作，减淡混合效果，如图 5-51 所示。

图 5-50　更改图层不透明度

图 5-51　最终效果

5.5 图层样式

应用图层样式，可以使对象产生发光、阴影和立体感等特殊效果，下面对图层样式进行详细介绍。

5.5.1 添加图层样式

如果要为图层添加样式，可以选择此图层，然后采用下面任意一种方法打开【图层样式】对话框，进行效果的设定。

方法01：执行【图层】→【图层样式】命令，在弹出的下拉菜单中选择一个效果命令。即可打开【图层样式】对话框，并进入到相应效果的设置面板。

方法02：在【图层】面板中单击【添加图层样式】按钮 fx.，在弹出的下拉菜单中，选择一个效果命令，即可打开【图层样式】对话框并进入到相应效果的设置面板。

方法03：双击需要添加效果的图层，可打开【图层样式】对话框，在对话框左侧选择需添加的效果，即可切换到该效果的设置面板。

5.5.2 混合选项

【混合选项】可以设定图层中图像与下面图层中图像混合的效果。【混合选项】包括【常规混合】【高级混合】【混合颜色带】三个选项，其参数作用如下。

常规混合	【常规混合】栏中可以设定混合模式和不透明度，其效果等同于在【图层】面板中进行的设定
高级混合	【高级混合】选项中可以对填充不透明度、颜色通道、挖空等进行设置，通过组合调整得到更绚丽的混合效果
混合颜色带	【混合颜色带】可以通过调整色阶值来指定颜色像素的显示，并且可以控制不同通道中的颜色像素。拖曳"本图层"色阶滑杆上的滑块，设定色阶范围，当前图层图像中包含在该色阶范围中的像素将显示。拖曳"下一图层"色阶滑杆上的滑块，设定色阶范围，下面图层图像中包含在该色阶范围中的像素将显示

5.5.3 斜面和浮雕

【斜面和浮雕】可以使图像产生立体的浮雕效果，是常用的一种图层样式，斜面和浮雕效果如图5-52所示，参数设置如图5-53所示。

图5-52 斜面和浮雕效果

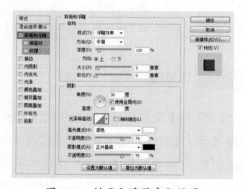

图5-53 斜面和浮雕参数设置

样式	在该选项下拉列表中可以选择斜面和浮雕的样式
方法	用于选择一种创建浮雕的方法
深度	用于设置浮雕斜面的应用深度，该值越高，浮雕的立体感越强
方向	定位光源角度后，可通过该选项设置高光和阴影的位置
大小	用于设置斜面和浮雕中阴影面积的大小
软化	用于设置斜面和浮雕的柔和程度，该值越高，效果越柔和
角度/高度	【角度】选项用于设置光源的照射角度，【高度】选项用于设置光源的高度
光泽等高线	为斜面和浮雕表面添加光泽，创建具有光泽感的金属外观浮雕效果
消除锯齿	可以消除由于设置了光泽等高线而产生的锯齿
高光模式	用于设置高光的混合模式、颜色和不透明度
阴影模式	用于设置阴影的混合模式、颜色和不透明度

5.5.4 描边

【描边】效果可以使用颜色、渐变或图案描边图层，对于硬边形状，如文字等特别有用。设置选项主要有【大小】【位置】和【填充类型】，描边效果如图5-54所示，参数设置如图5-55所示。

图 5-54　描边效果

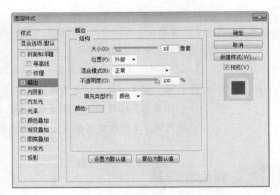

图 5-55　描边参数设置

大小	用于调整描边的宽度，取值越大，描边越粗
位置	用于调整对图层对象进行描边的位置，有【外部】【内部】和【居中】3个选项
填充类型	用于指定描边的填充类型，分为【颜色】【渐变】【图案】3种

5.5.5 内阴影

【内阴影】效果可以在紧靠图层内容的边缘内添加阴影，使图层对象产生凹陷效果。该样式通过【阻塞】选项来控制阴影边缘的渐变程度。【阻塞】可以在模糊之前收缩内阴影的边界。【阻塞】与【大小】选项相关，【大小】值越高，可设置的【阻塞】范围也就越大，内阴影效果如图5-56所示，参数设置如图5-57所示。

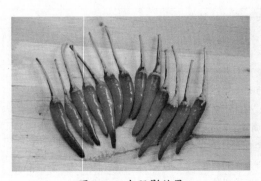

图 5-56　内阴影效果

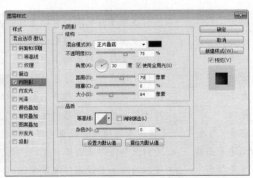

图 5-57　内阴影参数设置

5.5.6 内发光

【内发光】效果向物体内侧创建发光效果。【内发光】效果中除了【源】和【阻塞】外，其他大部分选项都与【外发光】效果相同，内发光效果如图5-58所示，参数设置如图5-59所示。

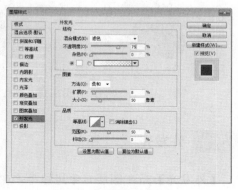

图 5-58 内发光效果　　　　　　　　　图 5-59 内发光参数设置

源	用于控制发光源的位置。选项【居中】，表示应用从图层内容中心发出的光，此时如果增加【大小】值，发光效果会向图像的中央收缩；选择【边缘】，表示应用从图层对象内部边缘发出的光，此时如果增加【大小】值，发光效果会向图像的中央扩展
阻塞	用于在模糊之前收缩内发光的杂边边界

5.5.7 光泽

【光泽】效果通常用于创建金属表面的光泽外观。该效果没有特别的选项，但可以通过选择不同的【等高线】来改变光泽的样式。光泽效果如图5-60所示，参数设置如图5-61所示。

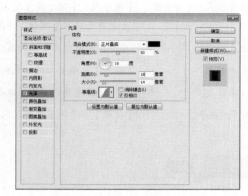

图 5-60 光泽效果　　　　　　　　　图 5-61 光泽参数设置

5.5.8 【颜色叠加】【渐变叠加】和【图案叠加】

这3个图层样式可以在图层上叠加指定的颜色、渐变和图案，通过设置不同的参数，可以控制叠加效果，效果分别如图5-62所示。

图5-62　颜色、渐变和图案叠加

5.5.9 外发光

【外发光】是在图层对象边缘外产生发光效果，效果如图5-63所示，参数设置如图5-64所示。

图5-63　外发光效果

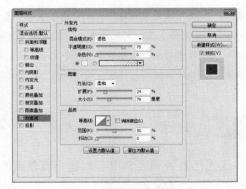

图5-64　外发光参数设置

混合模式/不透明度	【混合模式】用于设置发光效果与下面图层的混合方式；【不透明度】用于设置发光效果的不透明度，该值越低，发光效果越弱
杂色	可以在发光效果中添加随机的杂色，使光晕呈现颗粒感
发光颜色	【杂色】选项下面的颜色和颜色条用于设置发光颜色
方法	用于设置发光的方法，以控制发光的准确程度
扩展/大小	【扩展】用于设置发光范围的大小；【大小】用于设置光晕范围的大小

5.5.10 投影

【投影】样式可以为对象添加阴影效果，阴影的透明度、边缘羽化和投影角度等都可以在【图层样式】对话框中设置。投影效果如图5-65所示，参数设置如图5-66所示。

图 5-65 投影效果

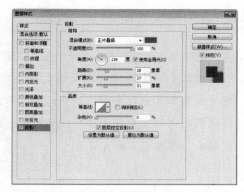

图 5-66 投影参数设置

混合模式	用于设置投影与下面图层的混合方式，默认为"正片叠底"模式
投影颜色	在【混合模式】后面的颜色框中，可设定阴影的颜色
不透明度	设置图层效果的不透明度，【不透明度】值越大，图像效果就越明显。可直接在后面的数值框中输入数值，或拖动滑动栏中的三角形滑块进行精确调节
角度	设置光照角度，可确定投下阴影的方向与角度。当勾选后面的【使用全局光】复选框时，可将所有图层对象的阴影角度都统一
距离	设置阴影偏移的幅度，距离越大，层次感越强；距离越小，层次感越弱
扩展	设置模糊的边界，【扩展】值越大，模糊的部分越小，可调节阴影的边缘清晰度
大小	设置模糊的边界，【大小】值越大，模糊的部分就越大
等高线	设置阴影的明暗部分，可单击小三角符号选择预设效果，也可单击预设效果，弹出【等高线编辑器】重新进行编辑。等高线可设置暗部与高光部
消除锯齿	混合等高线边缘的像素，使投影更加平滑。该选项对于尺寸小且具有复制等高线的投影最有用
杂色	为阴影增加杂点效果，【杂色】值越大，杂点越明显
图层挖空投影	用于控制半透明图层中投影的可见性。选择该选项后，如果当前图层的填充不透明度小于100%，则半透明图层中的投影不可见

5.5.11 图层样式的编辑

创建好图层样式后，还可以对图层样式进行编辑，包括复制、删除和隐藏图层样式等，下面分别进行讲述。

1．复制图层样式

选择添加了图层样式的图层，执行【图层】→【图层样式】→【拷贝图层样式】命令，复制样式效果，选择其他图层，执行【图层】→【图层样式】→【粘贴图层样式】命令，可以将样式效果粘贴到该图层中。

2．删除图层样式

当对创建的样式效果不满意时，可以在【图层】面板中删除图层样式，删除图层样式的方法有两种，下面分别进行介绍。

　　方法01：选择需要删除图层样式的图层如【图层1】，右击鼠标，在弹出的菜单中选择【清除图层样式】命令。

　　方法02：直接拖动图层后的 *fx* 图标，拖到图层面板右下角的【删除图层】 🗑 按钮上。

3．隐藏图层样式

　　在【图层】面板中，如果要隐藏一个效果，可单击该图层【效果】前的【切换单一图层效果可见性】图标 👁；如果要隐藏一个图层中所有的效果，可单击该图层【效果】前的【切换所有图层效果可见性】图标 👁。

　　如果要隐藏文档中所有图层的效果，可执行【图层】→【图层样式】→【隐藏所有效果】命令。

📽 课堂范例——制作艺术轮廓

　　步骤01　　打开网盘中"素材文件\第5章\少女.jpg"文件，选择【套索工具】 ⚲，沿着人物拖动鼠标创建选区，如图5-67所示。按【Ctrl+J】组合键，复制图像，生成【图层1】，双击该图层，如图5-68所示。

图5-67　创建选区

图5-68　复制图像

　　步骤02　　在【图层样式】对话框中，勾选【内阴影】选项，设置【混合模式】为"正片叠底"，【不透明度】为"75%"，【角度】为"70度"，【距离】为"21像素"，【阻塞】为"0%"，【大小】为"21像素"。单击右上角的【设置阴影颜色】色块，如图5-69所示，弹出【拾色器（内阴影颜色）】对话框，如图5-70所示。

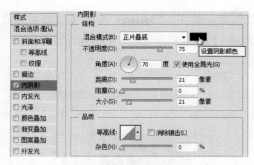

图 5-69 【内阴影】选项

图 5-70 【拾色器（内阴影颜色）】对话框

步骤03 移动鼠标指针到图像中，鼠标指针会自动变为【吸管工具】 ，如图 5-71 所示。

步骤04 在蝴蝶深蓝色区域单击吸取颜色，切换回【拾色器（内阴影颜色）】对话框，单击【确定】按钮，如图 5-72 所示。

图 5-71 【吸管工具】

图 5-72 【拾色器（内阴影颜色）】对话框

步骤05 通过前面的操作，设置内阴影的颜色，如图 5-73 所示。

步骤06 在【图层样式】对话框中，勾选【内发光】选项，设置【混合模式】为"滤色"，【不透明度】为"75%"，【阻塞】为"0%"，【大小】为"35像素"，【等高线】为"锥形"，【范围】为"50%"，【抖动】为"0%"，如图 5-74 所示。

图 5-73 设置内阴影颜色

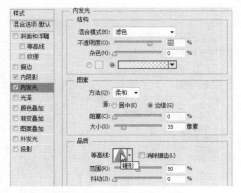

图 5-74 【内发光】选项

步骤07 通过前面的操作，得到内发光效果，如图5-75所示。单击【设置发光颜色】，如图5-76所示，弹出【拾色器（内发光颜色）】对话框，如图5-77所示。

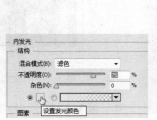

图5-75 内发光效果　　　　图5-76 设置发光颜色　　　图5-77 【拾色器（内发光颜色）】对话框

步骤08 移动鼠标指针到图像中，鼠标指针会自动变为【吸管工具】，在蝴蝶浅蓝色区域单击吸取颜色，如图5-78所示。返回【拾色器（内发光颜色）】对话框中，单击【确定】按钮，如图5-79所示。

图5-78 吸取内发光颜色　　　　　图5-79 【拾色器（内发光颜色）】对话框

步骤09 在【图层样式】对话框中，勾选【描边】选项，设置【大小】为"8像素"，描边颜色为"黑色"，如图5-80所示，描边效果如图5-81所示。

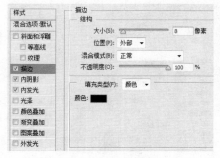

图5-80 设置【描边】选项　　　　　图5-81 描边效果

5.6 图层的其他应用

在操作过程中，不仅可以对图层进行复制、锁定等基本编辑操作，还可以对它进行更加复杂的应用，以实现各种功能应用，包括创建剪贴蒙版图层、填充图层、调整图层等。

5.6.1 创建剪贴蒙版图层

图层剪贴蒙版，以底层图层上的对象作为蒙版区域，上层图层中的对象在蒙版区域内部将被显示，在蒙版区域外部则被隐藏。在【图层】面板中可以创建剪贴蒙版，具体操作方法如下。

步骤 01 打开网盘中"素材文件\第 5 章\月亮.psd"文件，该文件有两个图层，如图 5-82 所示。打开网盘中"素材文件\第 5 章\情侣.jpg"文件，如图 5-83 所示。

图 5-82 打开月亮文件

图 5-83 打开情侣文件

步骤 02 将"情侣"图像拖动到"月亮"图像中，如图 5-84 所示。执行【图层】→【创建剪贴蒙版】命令，如图 5-85 所示。

图 5-84 合并图像

图 5-85 执行【创建剪贴蒙版】命令

步骤 03 拖动图层，将对象移动到适当位置，如图 5-86 所示。按【Ctrl+T】组合键，执行自由变换操作，适当缩小图像，如图 5-87 所示。

图 5-86　剪贴蒙版效果　　　　　　　　　　　图 5-87　缩小图像

技 能 拓 展

　　按【Alt + Ctrl + G】组合键，可快速创建剪贴蒙版。再次按【Alt + Ctrl + G】组合键，可以释放剪贴蒙版图层。

5.6.2　填充图层

　　创建填充图层，可以为目标图像添加色彩、渐变或图案填充效果，这是一种保护性色彩填充，并不会改变图像自身的颜色，下面以渐变填充为例，讲述填充图层的创建方法。

步骤01　　打开网盘中"素材文件\第5章\矢量人物.psd"文件，单击选中【背景】图层，如图 5-88 所示。

步骤02　　在【图层】面板中，执行【图层】→【新建填充图层】→【渐变】命令，打开【新建图层】对话框，单击【确定】按钮，如图 5-89 所示。

图 5-88　打开文件并选择图层　　　　　　　　图 5-89　【新建图层】对话框

步骤03　　在打开的【渐变填充】对话框中，设置渐变色为"黄色到透明渐变"，【样式】为"线性"，【角度】为"90度"，单击【确定】按钮，如图 5-90 所示。渐变填充效果如图 5-91 所示。

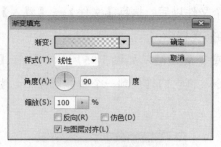

图 5-90 【渐变填充】对话框

图 5-91 渐变填充图层效果

5.6.3 创建调整图层

执行【窗口】→【调整】命令，即可打开【调整】面板，如图5-92所示，在【调整】面板中，Photoshop CC将16种调整命令集中到一起，单击要创建的调整命令图标，即可在当前图层上方创建一个调整图层，并且【调整】面板会自动切换到该调整命令的对话框以便用户进行设置，如图5-93所示。调整图层效果如图5-94所示。

图 5-92 【调整】面板

图 5-93 【属性】面板

图 5-94 调整图层

❶此调整影响下面的所有图层	单击此按钮，用户设置的调整图层效果将影响下面的所有图层
❷按此按钮可查看上一状态	单击此按钮，可在图像窗口中快速切换原图像与设置调整图层后的效果
❸复位到调整默认值	单击此按钮，可以将设置的调整参数恢复到默认值
❹切换图层可见性	单击此按钮，可隐藏用户创建的调整图层，再次单击可以显示调整图层
❺删除此调整图层	单击此按钮，将会弹出询问对话框，询问是否删除调整图层，单击【是】按钮即可删除相应的调整图层

5.6.4 创建智能对象图层

智能对象的缩览图右下角会显示智能对象图标，常用的创建智能对象的方法如下。

方法01：执行【文件】→【打开智能对象】命令，选择一个文件作为智能对象打开。

方法02：在文档中置入智能对象。打开一个文件以后，执行【文件】→【置入】命令，可以将另外一个文件作为智能对象置入到当前文档中。

方法03：在【图层】面板中，选择一个或多个图层，如图5-95所示。执行【图层】→【智能对象】→【转换为智能对象】命令，将它们打包到一个智能对象中。生成智能图层，如图5-96所示。

图5-95 选择图层

图5-96 转换为智能对象图层

5.6.5 创建图层复合

图层复合是【图层】面板状态的快照，它记录了当前文档中图层的可见性、位置和外观（包括图层的不透明度、混合模式以及图层样式等），通过图层复合可以快速地在文档中切换不同版面的显示状态。比较适合展示多种设计方案。

【图层复合】面板用于创建、编辑、显示和删除图层复合，执行【窗口】→【图层复合】命令打开【图层复合】面板，如图5-97所示。

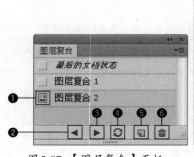

图5-97 【图层复合】面板

❶ 应用图层复合	显示该图层的图层复合为当前使用的图层复合
❷ 应用选中的上一图层复合	切换到上一个图层复合
❸ 应用选中的下一图层复合	切换到下一个图层复合
❹ 更新图层复合	如果更改了图层复合的配置，可单击该按钮进行更新
❺ 创建新的图层复合	用于创建一个新的图层复合
❻ 删除图层复合	用于删除当前创建的图层复合

🗨 课堂问答

通过本章的讲解，大家对图层管理有了一定的了解，下面列出一些常见的问题供学习参考。

问题 ❶：如何查找和隔离图层？

答：在制作图像文件时，如果图层太多，通常不能快速地找到指定的图层，Photoshop CC 的查找和隔离图层功能，能够快速选择和隔离指定图层，具体操作方法如下。

步骤 01 打开网盘中"素材文件\第5章\蝴蝶仙子.psd"文件，该文件有7个图层，如图5-98所示。

步骤 02 在【图层】面板中，设置左侧的【选取滤镜类型】为"名称"，输入"鲜花"，得到目标图层，如图5-99所示。应用图层过滤后，单击【图层】面板右侧的【打开或关闭图层过滤】按钮，可以恢复默认的图层效果，如图5-100所示。

图 5-98 打开文件　　　图 5-99 查找图层　图 5-100 恢复默认效果

步骤 03 在【图层】面板中，选中需要隔离的图层，在图像中右击，选择【隔离图层】命令，如图5-101所示。通过前面的操作，【图层】面板中只显示指定图层，选择【移动工具】移动图层，不会影响其他图层，如图5-102所示。

图 5-101 选择【隔离图层】命令　　　　图 5-102 移动图层

问题 ❷：【样式】面板有什么作用？

答：在【样式】面板中，有大量的预设图层样式，用户可以快速为图像添加图层样式，具体操作方法如下。

步骤 01 打开网盘中"素材文件\第5章\红唇.jpg"文件，单击选择【图层1】，如图5-103所示。

步骤02 在【样式】面板中，单击【星云（纹理）】图标，通过前面的操作，自动添加图层样式，如图5-104所示。

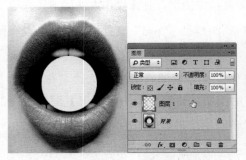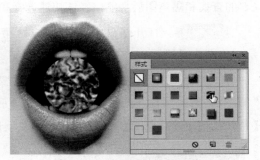

图 5-103 选择图层 　　　　　　　　　图 5-104 添加图层样式

问题 ❸：调整图层有什么作用？

答：图像色彩与色调的调整方式有两种：一种是通过菜单中的【调整】命令进行调整，另外一种就是通过调整图层来操作。但是通过【调整】命令，会直接修改所选图层中的像素。而调整图层可以达到同样的效果，但不会修改图像像素，也称为非破坏性调整。

🖼 上机实战——合成翱翔的女巫

通过本章的学习，为了让读者能巩固本章知识点，下面讲解一个技能综合案例，使大家对本章的知识有更深入的了解。

效果展示

素材　　　　　　　　　　　　　　　　效果

思路分析

合成在空中翱翔的女巫画面，画面要富有动感，整体场景协调，下面讲解具体的操作方法。

本例首先拼合素材图像，接下来通过【图层样式】添加外发光效果，应用【动感模糊】命令得到动感效果，最后微调画面得到最终效果。

制作步骤

步骤01 打开网盘中"素材文件\第5章\翅膀.jpg"文件，在选项栏中，设置【容差】为"10"，选择【魔棒工具】🔍在白色背景单击创建选区，如图5-105所示。

步骤02 执行【选择】→【反向】命令，反向选中翅膀，如图5-106所示。

图5-105 创建选区

图5-106 反向选区

步骤03 打开网盘中"素材文件\第5章\蓝天.jpg"文件，选择【移动工具】⊹，单击并拖动翅膀至新打开的文件中，如图5-107所示。打开网盘中"素材文件\第5章\女巫.jpg"文件，选择【快速选择工具】☑，拖动鼠标选中女巫，如图5-108所示。

图5-107 拖动图像

图5-108 选中女巫

步骤04 拖动女巫到蓝天文件中，如图5-109所示。执行【编辑】→【变换】→【水平翻转】命令，将翻转后的图像移动到左侧适当位置，如图5-110所示。

图5-109 拖动图像

图5-110 水平翻转图像

步骤05 在【图层】面板中，更改【图层1】为"翅膀"，【图层2】为"女巫"，如图5-111所示。单击选中【翅膀】图层，如图5-112所示。按【Ctrl+T】组合键，执行自由变换操作，旋转和缩小图像，如图5-113所示。

图 5-111 拖动图像

图 5-112 选中图层

图 5-113 水平翻转图像

步骤06 在【图层】面板中，双击【翅膀】图层，如图5-114所示。在【图层样式】对话框中，勾选【外发光】选项，设置【混合模式】为"滤色"，发光颜色为"黄色"，【不透明度】为"75%"，【扩展】为"5%"，【大小】为"40像素"，【范围】为"50%"，【抖动】为"0%"，如图5-115所示。

图 5-114 选择图层

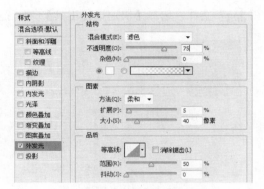

图 5-115 设置【外发光】选项

步骤07 通过前面的操作，为翅膀添加外发光效果，如图5-116所示。单击选中【女巫】图层，如图5-117所示。

图 5-116 外发光效果

图 5-117 选择图层

步骤08 执行【图像】→【调整】→【曲线】命令，打开【曲线】对话框，拖动调整曲线形状，如图5-118所示。通过前面的操作，调亮女巫图像，如图5-119所示。

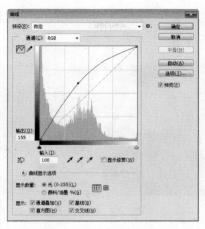

图 5-118 调整曲线形状

图 5-119 调亮图像

步骤09 在【图层】面板中，选中【女巫】和【翅膀】图层，如图5-120所示。按【Alt+Ctrl+E】组合键，盖印选择图层，生成【女巫（合并）】图层，如图5-121所示。更改为"动态"，如图5-122所示。

图 5-120 选择图层

图 5-121 盖印选择图层

图 5-122 重命名图层

步骤10 执行【滤镜】→【模糊】→【动感模糊】命令，在【动感模糊】对话框中，设置【角度】为"60度"，【距离】为"80像素"，单击【确定】按钮，如图5-123所示。通过前面的操作，得到动感模糊效果，如图5-124所示。

图 5-123 【动感模糊】对话框

图 5-124 【动感模糊】效果

步骤11　拖动【动态】图层到【翅膀】图层下方，如图5-125所示。使用【移动工具】向下方移到适当的位置，效果如图5-126所示。

图5-125　调整图层顺序

图5-126　移动位置

步骤12　更改【动态】图层不透明度为"50%"，如图5-127所示。降低图层不透明度后，效果如图5-128所示。

图5-127　调整不透明度

图5-128　图像效果

步骤13　选中除【背景】以外的所有图层，如图5-129所示。按【Ctrl+T】组合键，执行自由变换操作，适当缩小图像，如图5-130所示。最终效果如图5-131所示。

图5-129　选择图层

图5-130　缩小图像

图5-131　最终效果

同步训练——合成场景并设置展示方案

通过上机实战案例的学习，为了增强读者的动手能力，下面安排一个同步训练案例，让读者达到举一反三、触类旁通的学习效果。

素材

效果

思路分析

Photoshop CC 图层混合可以生成炫目的特殊效果,这些效果在现实场景中通常不能见到,还可以把多个效果制作为展示方案进行比较,下面讲解具体的操作方法。

本例首先拼合素材图像,然后通过图层混合模式混合图层,通过复制图层加强效果,最后创建两个展示方案,完成制作。

关键步骤

步骤01 打开网盘中"素材文件\第5章\枫林.jpg"文件,打开网盘中"素材文件\第5章\眼睛.jpg"文件,拖动"眼睛"到"枫林"图像中,更改图层名称为"眼睛"。更改【眼睛】图层混合模式为"叠加",如图5-132所示。

步骤02 按【Ctrl+J】组合键,复制【眼睛】图层,增加图像亮度,如图5-133所示。

图 5-132 混合图层

图 5-133 复制图层

步骤03 打开网盘中"素材文件\第5章\吹泡泡.jpg"文件，并将其拖动到"枫林"图像中，命名为"吹泡泡"，更改图层混合模式为"滤色"。

步骤04 单击【图层复合】面板中的【创建新的图层复合】按钮，如图5-134所示，在打开的【新建图层复合】对话框中，设置【名称】为"方案1"，单击【确定】按钮，如图5-135所示。

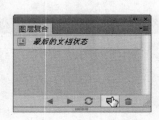

图5-134 创建图层复合

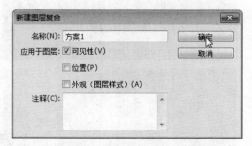

图5-135 【新建图层复合】对话框

步骤05 通过前面的操作，新建【方案1】，该图层复合记录了【图层】面板中图层的当前显示状态（显示所示图层），如图5-136所示。

步骤06 单击【眼睛】和【眼睛 拷贝】图层前面的【指示图标可见性】图标，隐藏这两个图层，如图5-137所示。

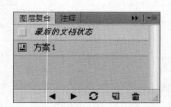

图5-136 新建方案1

图5-137 隐藏图层

步骤07 再次单击【图层复合】面板中的【创建新的图层复合】按钮，在打开的【新建图层复合】对话框中，设置【名称】为"方案2"，单击【确定】按钮。

步骤08 通过前面的操作，新建【方案2】，该图层复合记录了【图层】面板中图层的当前显示状态（隐藏【眼睛】和【眼睛 拷贝】图层）。

步骤09 在【图层复合】面板中，单击目标方案前方的【图层复合】图标，（例如【方案1】前面的【图层复合】图标）如图5-138所示。可以切换到相应的展示方案，如图5-139所示。

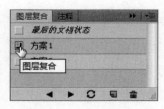

图5-138　切换到方案1

图5-139　方案1效果

知识能力测试

本章讲解了图层的基本应用，为对知识进行巩固和考核，布置相应的练习题。

一、填空题

1. 在【图层样式】对话框中，可以为图层添加两种发光方式，包括_____和_____两种图层样式。

2. 图层、图层组和图层样式的增加会占用计算机的内存和暂存盘，从而导致计算机的运行速度变慢。将相同属性的图层进行合并，不仅便于管理，还可减少所占用的磁盘空间，合并图层的方式分别是：_____、_____、_____、_____、_____。

3. 在【图层】面板中选择一个图层，单击面板顶部的,按钮，在打开的下拉列表中可以选择一种混合模式，混合模式分为6组，分别是_____、_____、_____、_____、_____、_____。

二、选择题

1. （　　）样式可以为对象添加阴影效果，阴影的透明度、边缘羽化和投影角度等都可以在【图层样式】对话框中设置。

　　A．投影　　　　B．光泽　　　　　C．外投影　　　　D．颜色叠加

2. 在【图层】面板上，如果一个图层后面带有（　　）标记，则表示该图层应用了图层样式。

　　A．▓　　　　B．𝑓𝑥　　　　　C．🔒　　　　D．✛

3. （　　）以底层图层上的对象形状作为蒙版区域，上层图层中的对象在蒙版区域内部将被显示，在蒙版区域外部则被隐藏。

　　A．图层组　　　B．剪贴蒙版图层　　C．快速蒙版　　　D．调整图层

三、简答题

1. 请简单回答什么是图层。

2. 请简单回答背景图层和普通图层有什么区别，它们之间可以相互转换吗？

3. 在【图层】面板中，共有哪两个选项控制不透明度，这两个选项之间有什么区别？

第6章
蒙版和通道的技术运用

蒙版可以保护图像的选择区域，并可将部分图像处理成透明或半透明效果。通道是存储不同类型信息的灰度图像，通过本章的学习，大家可以了解什么是蒙版和通道，以及它们的主要用途。

学习目标

- 熟练掌握图层蒙版的创建编辑
- 熟练掌握矢量蒙版的创建编辑
- 熟练掌握快速蒙版的创建编辑
- 熟练掌握剪贴蒙版的创建编辑
- 熟练掌握通道的基本操作
- 熟练掌握通道的计算

蒙版基本操作

Photoshop CC中提供了几种蒙版：快速蒙版、图层蒙版、矢量蒙版和剪贴蒙版，下面分别进行介绍。

6.1.1 创建快速蒙版

快速蒙版是一种临时蒙版，其作用主要是用来创建选区。当退出快速蒙版时，透明部分就转换为选区，而蒙版就不存在了。

使用快速蒙版编辑处理图像之前，首先要创建快速蒙版，创建快速蒙版的具体操作步骤如下。

步骤01　打开网盘中"素材文件\第6章\彩球.jpg"文件，拖动【快速选择工具】☑在图像中创建选区，如图6-1所示。

步骤02　单击工具箱中的【以快速蒙版模式编辑】按钮◻，切换到快速蒙版编辑模式。选区外的范围被红色蒙版遮挡，如图6-2所示。

图6-1　创建选区　　　　　　　　图6-2　快速蒙版状态

步骤03　再次单击工具箱中的【以标准模式编辑】按钮◻，或者按【Q】键可以退出快速蒙版。

> **温馨提示**
> 在快速蒙版状态时，当用白色【画笔工具】☑涂抹时，表示增加原选区的大小，当用黑色【画笔工具】☑涂抹时，表示减少原选区的大小。

6.1.2 【蒙版】面板

在Photoshop CC中，蒙版参数可以在【属性】面板中进行设置，执行【窗口】→【属性】命令，可以打开【属性】面板，如图6-3所示。

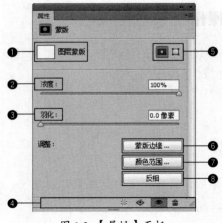

图6-3 【属性】面板

❶蒙版预览框	通过预览框可查看蒙版形状，且在其后显示当前创建的蒙版类型
❷浓度	拖动滑块可以控制蒙版的不透明度，即蒙版的遮盖强度
❸羽化	拖动滑块可以柔化蒙版的边缘
❹快速图标	单击 ❀ 按钮，可将蒙版载入为选区，单击 ✛ 按钮将蒙版效果应用到图层中，单击 ● 按钮可停用或启用蒙版，单击 🗑 按钮可删除蒙版
❺添加蒙版	◼为添加像素蒙版、▢为添加矢量蒙版
❻蒙版边缘	单击该按钮，可以打开【调整蒙版】对话框修改蒙版边缘，并针对不同的背景查看蒙版。这些操作与调整选区边缘基本相同
❼颜色范围	单击该按钮，可以打开【色彩范围】对话框，通过在图像中取样并调整颜色容差可修改蒙版范围
❽反相	可反转蒙版的遮盖区域

6.1.3 图层蒙版

图层蒙版是一种特殊的蒙版，它附加在目标图层上，用于控制图层中的部分区域是隐藏还是显示。通过使用图层蒙版，可以在图像处理中制作出特殊的效果。

1．创建图层蒙版

在【图层】面板中创建图层蒙版的方法主要有以下几种，下面详细进行介绍。

方法01：执行【图层】→【图层蒙版】→【显示全部】命令，创建显示图层内容的白色蒙版。执行【图层】→【图层蒙版】→【隐藏全部】命令，创建隐藏图层内容的黑色蒙版。如果图层中有透明区域，执行【图层】→【图层蒙版】→【从透明区域】命令，创建隐藏透明区域的图层蒙版。

方法02：创建选区后，单击【图层】面板下方的【创建图层蒙版】按钮◼，创建只显示选区内图像的蒙版。

2．停用 / 启用图层蒙版

对于已经通过蒙版进行编辑的图层，如果需要查看原图效果就可以通过【停用】命令暂时隐藏蒙版效果，除了在【蒙版】面板中进行操作外，还可以执行【图层】→【图层蒙版】→【停用】命令进行停用，此时，图层蒙版缩览图上会出现一个红叉，如图6-4所示。

执行【图层】→【图层蒙版】→【启用图层蒙版】命令，可以重新启用图层蒙版，如图6-5所示。

图 6-4　停用 / 启用图层蒙版

图 6-5　启用图层蒙版

　　按住【Shift】键的同时，单击该蒙版的缩览图，可快速关闭该蒙版。按住【Shift】键的同时，若再次单击该缩览图，则显示蒙版。

3．应用图层蒙版

通过在【蒙版】面板中单击【应用图层蒙版】按钮 ，可将设置的蒙版应用到当前图层中，即将蒙版与图层中的图像合并。还可以执行【图层】→【图层蒙版】→【应用】命令。

4．删除图层蒙版

如果不需要创建的蒙版效果，可以将其删除。除了在【蒙版】面板中进行操作外，删除蒙版的其他常用操作方法有以下几种。

方法01：执行【图层】→【图层蒙版】→【删除】命令。

方法02：在【图层】面板中选择该蒙版缩览图，并将其拖动至面板底部的【删除图层】按钮 处。

5．复制与转移蒙版

按住【Alt】键拖动图层蒙版缩览图至目标图层，可以将蒙版复制到目标图层。如果直接将蒙版拖至目标图层，则可将该蒙版转移到目标图层，原图层将不再有蒙版。

6.链接与取消链接蒙版

创建图层蒙版后，蒙版缩览图和图像缩览图中间有一个链接图标，它表示蒙版与图像处于链接状态，此时进行变换操作，蒙版会与图像一同变换。

执行【图层】→【图层蒙版】→【取消链接】命令，或者单击该图标，可以取消链接，取消后可以单独变换图像和蒙版。

📷 课堂范例——笑靥如花

步骤01 打开网盘中"素材文件\第6章\人物.jpg"文件，如图6-6所示；打开网盘中"素材文件\第6章\花朵.jpg"文件，如图6-7所示。

图6-6 打开人物文件

图6-7 打开花朵文件

步骤02 拖动"花朵"到"人物"图像中，如图6-8所示。执行【编辑】→【变换】→【旋转90度（顺时针）】命令，移动到适当位置，如图6-9所示。

图6-8 合并图像

图6-9 顺时针旋转

步骤03 在【图层】面板中，单击【添加图层蒙版】按钮，为【图层1】添加图层蒙版，如图6-10所示。

步骤04 选择【画笔工具】，确保前景色为黑色，在蓝色天空处涂抹，隐藏部分图像，如图6-11所示。

图 6-10 添加图层蒙版

图 6-11 修改图层蒙版

步骤05 执行【图层】→【图层蒙版】→【应用】命令，如图6-12所示。通过前面的操作，将蒙版转换为普通图层，如图6-13所示。

图 6-12 【图层】面板

图 6-13 转换为普通图层

6.1.4 矢量蒙版

矢量蒙版则将矢量图形引入蒙版中，它不仅丰富了蒙版的多样性，还提供了一种可以在矢量状态下编辑蒙版的特殊方式。

1．创建矢量蒙版

在【图层】面板中创建矢量蒙版的方法主要有以下几种，下面详细进行介绍。

方法01：执行【图层】→【矢量蒙版】→【显示全部】命令，创建显示图层内容的矢量蒙版。执行【图层】→【矢量蒙版】→【隐藏全部】命令，创建隐藏图层内容的矢量蒙版。

方法02：创建路径后，执行【图层】→【矢量蒙版】→【当前路径】命令，或按住【Ctrl】键，单击【图层】面板中的【添加图层蒙版】按钮 ，可创建矢量蒙版，路径外的图像会被隐藏。

温馨
提示　创建矢量蒙版后，可以对矢量蒙版进行应用、停用、链接、删除等操作，操作方法与图层蒙版相同。

2．编辑矢量蒙版

创建矢量蒙版后，可以使用路径编辑工具移动或者修改路径形状，从而改变蒙版的遮盖区域。使用【路径选择工具】选择路径，执行【编辑】→【变换路径】命令下的命令，可以对矢量蒙版进行各种变换操作。

3．矢量蒙版转换为图层蒙版

选择矢量蒙版所在的图层，执行【图层】→【栅格化】→【矢量蒙版】命令，可将其栅格化，转换为图层蒙版。

课堂范例——月牙边框

步骤01　打开网盘中"素材文件\第6章\花朵背景.jpg"文件，如图6-14所示。打开网盘中"素材文件\第6章\女孩.jpg"文件，如图6-15所示。

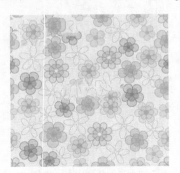
图6-14　花朵背景

图6-15　女孩

步骤02　拖动"女孩"到"花朵背景"图像中，如图6-16所示。选择【自定形状工具】，在选项栏中，选择【路径】选项，单击【形状】右侧的下拉按钮，单击选择【艺术效果8】，如图6-17所示。

图6-16　合并图像

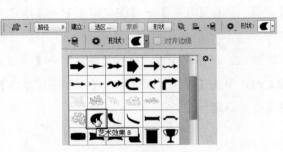
图6-17　选择自定形状

步骤03 拖动鼠标绘制路径，如图6-18所示。执行【图层】→【矢量蒙版】→【当前路径】命令，即可创建矢量蒙版，路径区域外的图像会被蒙版遮盖，如图6-19所示。

图6-18 绘制矢量图形

图6-19 创建矢量蒙版

步骤04 使用【路径选择工具】 选择路径，如图6-20所示。执行【编辑】→【变换路径】→【变形】命令，进入路径变换状态，如图6-21所示。

图6-20 选择路径

图6-21 路径变换状态

步骤05 拖动变换点，变换路径形状，如图6-22所示。在选项栏中，单击【提交变换】按钮 ，效果如图6-23所示。

图6-22 调整路径形状

图6-23 确认变换

步骤06 右击矢量蒙版缩览图，在快捷菜单中，选择【栅格化矢量蒙版】命令，如图6-24所示。通过前面的操作，将矢量蒙版转换为图层蒙版，如图6-25所示。

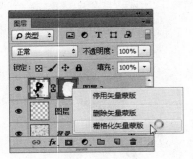

图6-24 选择命令

图6-25 栅格化矢量蒙版

6.1.5 剪贴蒙版

剪贴蒙版是通过下方图层的形状来限制上方图层的显示状态，达到一种剪贴画的效果。它的最大优点是可以通过一个图层来控制多个图层的可见内容，而图层蒙版和矢量蒙版都只控制一个图层。

课堂范例——制作可爱头像效果

步骤01 打开网盘中"素材文件\第6章\黄花.jpg"文件，如图6-26所示。选择【快速选择工具】，拖动鼠标选中黄色花蕊，按【Ctrl+J】组合键，复制图层，生成【图层1】，如图6-27所示。

图6-26 打开素材

图6-27 创建选区并复制图层

步骤02 打开网盘中"素材文件\第6章\女童.jpg"文件，拖动到黄花图像中，生成【图层2】，如图6-28所示。确保【图层2】处于选中状态，如图6-29所示。

图 6-28 打开素材

图 6-29 创建选区并复制图层

步骤03 执行【图层】→【创建剪贴蒙版】命令，创建剪贴蒙版，效果如图6-30所示。在【图层】面板中，剪贴图层缩略图缩进，并且带有一个向下的箭头，基底图层名称带一条下划线，如图6-31所示。

图 6-30 剪贴蒙版效果

图 6-31 【图层】面板

步骤04 按【Ctrl+T】组合键，执行自由变换操作，拖动变换点缩小图像，如图6-32所示。按【Enter】键确认变换，移动到中间位置，如图6-33所示。

图 6-32 变换图像

图 6-33 移动图像

技能拓展

按住【Alt】键不放，将鼠标指针移动到剪贴图层和基底图层之间，单击即可创建剪贴蒙版。选择基底图层上方的剪贴层，执行【图层】→【释放剪贴蒙版】命令，或者按键盘中的【Alt+Ctrl+G】组合键，可以快速释放剪贴蒙版。

6.2 认识通道

通道的主要功能是存储颜色信息和选区，虽然没有通过菜单的形式表现出来，但是它所表现的存储颜色信息和选择范围的功能是非常强大的。

6.2.1 通道类型

通道作为图像的组成部分，与图像的格式是密不可分的。图像的颜色模式决定了通道的数量和模式，Photoshop CC 提供了 3 种类型的通道：颜色通道、专色通道和 Alpha 通道。下面就来了解这几种通道的特征和用途。

1．颜色通道

颜色通道就像是摄影胶片，它们记录了图像内容和颜色信息。图像的颜色模式不同，颜色通道的数量也不相同。每个颜色通道都是一幅灰度图像，只代表一种颜色的明暗变化。例如一幅 RGB 颜色模式的图像，其通道就显示为 RGB、红、绿、蓝 4 个通道，如图 6-34 所示。在 CMYK 颜色模式下图像通道分别为 CMYK、青色、洋红、黄色、黑色 5 个通道，如图 6-35 所示。在 Lab 颜色模式下分别为 Lab、明度、a、b 四个通道，如图 6-36 所示。

> 温馨提示
> 灰度模式图像的颜色通道只有一个，用于保存图像的灰度信息；位图模式图像的通道只有一个，用来表示图像的黑白两种颜色；索引颜色模式通道只有一个，用于保存调色板中的位置信息。

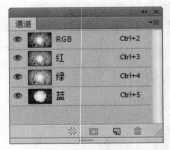
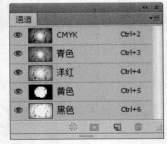

图 6-34　RGB 颜色通道　　　图 6-35　CMYK 颜色通道　　　图 6-36　Lab 颜色通道

2．Alpha 通道

Alpha 通道是储存选区的通道，它是利用颜色的灰阶亮度来储存选区的，是灰度图像，只能以黑、白、灰来表现图像。在默认情况下，白色为选区部分，黑色为非选区部分，中间的灰度表示具有一定透明效果的选区。

Alpha通道有三种用途，一是用于保存选区；二是可将选区存储为灰度图像，这样我们就能够用画笔、加深、减淡等工具以及添加各种滤镜，通过Alpha通道来修改选区；三是我们可以从Alpha通道中载入选区。

3．专色通道

专色通道是一种特殊的通道，用来存储印刷用的专色。专色是特殊的预混油墨。如金属金银色油墨、荧光油墨等，它们用于替代或是补充普通的印刷色油墨。通常情况下，专色通道都是以专色的名称来命名的。

每一种专色都有其本身固定的色相，所以它解决了印刷中颜色传递准确性的问题。在打印图像时因为专色色域很宽，超过了RGB、CMYK的表现色域，所以大部分颜色使用CMYK四色印刷油墨是无法呈现的。

6.2.2　通道面板

【通道】面板可以创建、保存和管理通道，打开一个图像时，Photoshop CC会自动创建该图像的颜色信息通道。执行【窗口】→【通道】命令，即可打开【通道】面板，如图6-37所示。

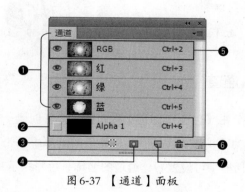

图6-37　【通道】面板

❶颜色通道	用于记录图像颜色信息的通道
❷Alpha通道	用来保存选区的通道
❸将通道作为选区载入	单击该按钮，可以载入所选通道内的选区
❹将选区存储为通道	单击该按钮，可以将图像中的选区保存在通道内
❺复合通道	面板中最先列出的是复合通道，在复合通道下可以同时预览和编辑所有颜色通道
❻删除当前通道	单击该按钮，可删除当前选择的通道。但复合通道不能删除
❼创建新通道	单击该按钮，可创建Alpha通道

6.3 通道的基本操作

了解通道的基础知识后，接下来介绍有关通道的基础操作，包括通道的创建、复制、删除、保存等操作。

6.3.1 选择通道

通道中包含的是灰度图像，可以像编辑任何图像一样使用绘画工具、修饰工具、选区工具等对它们进行处理。单击目标通道，可将其选择。文档窗口会显示所选通道的灰度图像，例如：选择【红】通道效果如图6-38所示。选择【绿】通道效果如图6-39所示。

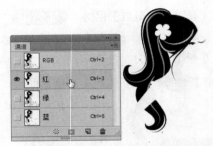

图6-38 创建【红】通道

图6-39 创建【绿】通道

6.3.2 新建Alpha通道

在【通道】面板中单击【创建新通道】按钮，即可创建一个新通道。也可通过单击【通道】面板右上方的【扩展】按钮，在弹出的菜单中单击【新建通道】命令，在弹出的【新建通道】对话框中可设置新建通道的名称、色彩指示和颜色。

6.3.3 复制通道

在编辑通道内容之前，可以复制需要编辑的通道创建一个备份。复制通道的方法与复制图层类似，单击并拖动通道至【通道】面板底部的【创建新通道】按钮即可。

6.3.4 显示和隐藏通道

通过【通道】面板中的【指示通道可视性】按钮，可以将单个通道暂时隐藏，此时，图像中有关该通道的信息也被隐藏，再次单击才可显示。原图像和隐藏蓝通道对比效果，如图6-40所示。

图6-40 原图像和隐藏蓝通道对比效果

6.3.5 重命名通道

双击【通道】面板中一个通道的名称，在显示的文本框中可以为它输入新的名称。但复合通道和颜色通道不能重命名。

6.3.6 删除通道

复合通道不能被复制，也不能删除。颜色通道可以复制，但是如果删除了，图像就会自动转换为多通道模式。将目标通道拖到【删除当前通道】按钮即可。

6.3.7 通道和选区的转换

通道与选区是可以互相转换的，可以把选区存储为通道，也可把通道作为选区载入。在文档中创建选区，在【通道】面板中，单击【将选区存储为通道】按钮，可将选区保存到Alpha通道中，如图6-41所示。

图6-41 将选区存储为通道

在【通道】面板中选择要载入选区的通道，单击面板下方的【将通道作为选区载入】按钮，可以将通道载入选区中，如图6-42所示为载入【红】通道选区。

图6-42　载入【红】通道

6.3.8　分离和合并通道

在Photoshop CC中，可以将通道拆分为几个灰度图像，同时也可以将通道组合在一起，用户可以将两个图像分别进行拆分，然后选择性地将部分通道组合在一起，可以得到意想不到的图像合成效果。

1．分离通道

分离通道操作可以将通道拆分为灰度文件。最大限度地保留了原图像的色阶，因此存储了更加丰富的灰度颜色信息。

> **温馨提示**
>
> 【分离通道】命令分离通道的数量取决于当前图像的色彩模式。例如，对RGB模式的图像执行分离通道操作，可以得到R、G和B三个单独的灰度图像。单个通道出现在单独的灰度图像窗口，新窗口中的标题栏显示原文件名，以及通道的缩写或全名。

2．合并通道

【合并通道】命令可以将分离的单独通道图像合并为一个整体，该方法常用于调整图像的整体色调。

> **温馨提示**
>
> 使用【分离通道】命令生成的灰度文件，只有在未改变这些文件尺寸的情况下，才可以进行【合并通道】操作，否则【合并通道】命令将不可用。

课堂范例——绿叶变枯叶

步骤01　打开网盘中"素材文件\第6章\绿叶.jpg"文件，如图6-43所示。单击【通道】面板中的【扩展】按钮 ，在弹出的菜单中选择【分离通道】命令，如图6-44所示。

图6-43　原图

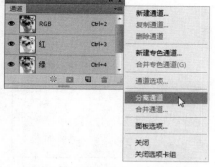

图6-44　选择【分离通道】命令

步骤02　在图像窗口中可以看到已将原图像分离为3个单独的灰度图像，如图6-45所示。

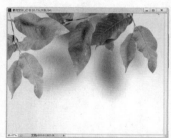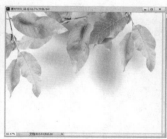

图6-45　分离通道效果

步骤03　单击【通道】面板右上角的【扩展】按钮，在打开的快捷菜单中选择【合并通道】命令，如图6-46所示；打开【合并通道】对话框，在【模式】下拉列表中选择"RGB颜色"；单击【确定】按钮，如图6-47所示。

图6-46　选择【合并通道】命令

图6-47　【合并通道】对话框

步骤04　弹出【合并RGB通道】对话框，设置各个颜色通道对应的图像文件，单击【确定】按钮，如图6-48所示。合并通道效果如图6-49所示。

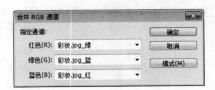

图6-48 【合并RGB通道】对话框　　　　　图6-49　合并通道效果

通道的计算

通道的计算功能，可将两个不同图像中的两个通道混合起来，或者把同一幅图像中的两个通道混合起来，一般用于生成特效。

6.4.1 【应用图像】命令

【应用图像】命令，可以将原始图像的图层和通道（源）与目标图像（目标）的图层和通道混合，生成特殊的图像效果，执行【图像】→【应用图像】命令，可以打开【应用图像】对话框，如图6-50所示。

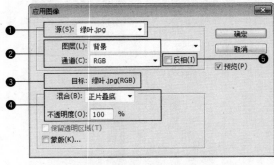

图6-50　【应用图像】对话框

❶源	单击右侧【下三角】按钮，在弹出的下拉列表中可以选择用于混合的原图像
❷图层和通道	【图层】选项用于设置源图像需要混合的图层，当只有一个图层时，就显示背景图层。【通道】选项用于选择原图像中需要混合的通道
❸目标	显示目标图像，以执行应用图像命令的图像为目标图像。
❹混合和不透明度	【混合】选项用于选择混合模式。【不透明度】选项用于设置源中选择的通道或图层的透明度
❺反相	勾选此项，可以得到反相的混合效果

6.4.2　【计算】命令

　　【计算】命令也可以混合通道，它与【应用图像】命令的区别在于，使用【计算】命令混合出来的图像以黑、白、灰显示。并且通过【计算】面板中【结果】选项的设置，可将混合的结果输出为通道、文档或选区。

课堂范例——蒙太奇效果

　　步骤01　打开网盘中"素材文件\第6章\向日葵.jpg"文件，如图6-51所示。打开网盘中"素材文件\第6章\甜梦.jpg"文件，如图6-52所示。

图6-51　向日葵图像　　　　　　　　　　图6-52　甜梦图像

　　步骤02　执行【图像】→【应用图像】命令，在弹出的【应用图像】对话框中，设置【源】为"向日葵.jpg"，【混合】为"变亮"，单击【确定】按钮，如图6-53所示。通过前面的操作，得到图像的混合效果，如图6-54所示。

图6-53　【应用图像】对话框　　　　　　图6-54　通道混合效果

　　步骤03　执行【图像】→【计算】命令，在【计算】对话框中，在【源1】栏中，设置【通道】为"蓝"，在【源2】栏中，设置【通道】为"红"，【混合】为"正片叠底"，设置【结果】为"选区"，单击【确定】按钮，如图6-55所示。

　　步骤04　通过前面的操作，得到目标选区，如图6-56所示。

图 6-55 【计算】对话框　　　　　　图 6-56 得到目标选区

步骤 05 按【Ctrl+J】组合键复制图层，生成【图层1】，更改图层混合模式为"颜色加深"，如图6-57所示。通过前面的操作，得到更加鲜明的图像效果，如图6-58所示。

图 6-57 【图层】面板　　　　　　图 6-58 最终效果

课堂问答

通过本章的讲解，大家对蒙版和通道知识有了一定的了解，下面列出一些常见的问题供学习参考。

问题❶：在【应用图像】对话框中的【源】下拉列表框中，为什么找不到需要混合的文件？

答：使用【应用图像】和【计算】命令进行操作时，如果是两个文件之间进行通道合成，需要确保两个文件有相同的文件大小和分辨率，否则将找不到需要混合的文件。

问题❷：如何创建专色通道？

答：创建专色通道可以解决印刷色差的问题，它使用专色进行印刷，是避免出现色差的最好方法，具体操作方法如下。

步骤 01 打开网盘中"素材文件\第6章\红衣.jpg"文件，使用【快速选择工具】选中上方黄色背景，如图6-59所示。

步骤 02 打开【通道】面板，单击【扩展】按钮，选择【新建专色通道】命令，如图6-60所示。

图 6-59 原图

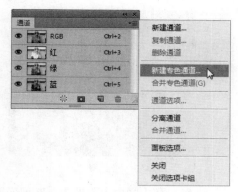

图 6-60 选择命令

步骤03 在【新建专色通道】对话框中，单击【颜色】色块，如图6-61所示。在打开的【拾色器（专色）】对话框中，单击【颜色库】按钮，如图6-62所示。

图 6-61 【新建专色通道】面板

图 6-62 【拾色器（专色）】对话框

步骤04 在【颜色库】对话框中，单击需要的专色色条，单击【确定】按钮，如图6-63所示。在【新建专色通道】对话框中，单击【确定】按钮，如图6-64所示。

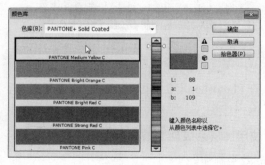

图 6-63 【颜色库】对话框

图 6-64 【新建专色通道】对话框

步骤05 通过前面的操作，创建专色效果，如图6-65所示。在【通道】面板中，可以查看创建的专色通道，如图6-66所示。

图 6-65　专色效果

图 6-66　【通道】面板

问题❸：在【图层】面板中，如何简单区别矢量蒙版和图层蒙版？

答：在【图层】面板中，矢量蒙版图层缩览图的隐藏区域默认为灰色，图层蒙版图层缩览图的隐藏区域默认为纯黑。

📇 上机实战——为人物添加白色婚纱

通过本章的学习，为了让读者能巩固本章知识点，下面讲解一个技能综合案例，使大家对本章的知识有更深入的了解。

效果展示

素材

效果

思路分析

披上洁白的婚纱是每个女孩都梦想的，在Photoshop CC中可以轻松制作婚纱效果，下面讲解具体操作方法。

本例首先拼合素材，接下来变形婚纱，使用图层蒙版创建婚纱的半透明效果，最后使用【智能锐化】命令使图像更加清晰，完成效果制作。

制作步骤

步骤01　打开网盘中"素材文件\第6章\紫色花海.jpg"文件，如图6-67所示。按【Ctrl+J】组合键复制图层，生成【图层1】，更改图层【混合模式】为"滤色"，如图6-68所示。

步骤02　打开网盘中"素材文件\第6章\婚纱.jpg"文件，选择【磁性套索工具】
，在婚纱周围拖动鼠标创建选区，如图6-69所示。

图6-67　紫色花海图像

图6-68　复制图层

步骤03　继续沿着婚纱对象拖动鼠标，释放鼠标后，自动创建选区，如图6-70所示。

图6-69　拖动鼠标

图6-70　创建封闭选区

步骤04　按【Ctrl+C】组合键复制对象，切换到紫色花海图像中，按【Ctrl+V】
组合键粘贴对象，按【Ctrl+T】组合键，执行自由变换操作，缩小对象，并移动到适当
位置，如图6-71所示。

步骤05　执行【编辑】→【变换】→【变形】命令，拖动节点变换对象，在【图
层】面板中，单击【添加图层蒙版】按钮，如图6-72所示。

图6-71　拼合图像

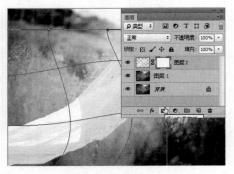

图6-72　变形图像

步骤06　选择【画笔工具】，使用不透明度为90%的黑色柔边画笔在人物头部涂抹，融合图像，如图6-73所示。在选项栏中，设置画笔【不透明度】为"50%"，使用黑色柔边画笔继续涂抹蒙版，如图6-74所示。

图6-73　修改图层蒙版

图6-74　继续修改图层蒙版

步骤07　向右侧拖动婚纱，将它移动到适当位置，如图6-75所示。按【Alt+Shift+Ctrl+E】组合键，盖印图层，如图6-76所示。

图6-75　移动图像

图6-76　盖印图层

步骤08　执行【滤镜】→【锐化】→【智能锐化】命令，使用默认参数，单击【确定】按钮，如图6-77所示。通过前面的操作，使图像画面更加清晰，效果如图6-78所示。

图6-77　智能锐化

图6-78　最终效果

⊕ 同步训练——制作浪漫的场景效果

通过上机实战案例的学习，为了增强读者的动手能力，下面安排一个同步训练案例，让读者达到举一反三、触类旁通的学习效果。

图解流程

思路分析

置身浪漫场景中，可以使人变得温柔，铺以玫瑰花、云海、翅膀等对象，在Photoshop CC中可以轻松打造浪漫场景，下面讲解具体操作方法。

本例首先拼合素材，接下来使用图层蒙版融合图像，最后适当变换图像角度，得到最终效果。

关键步骤

步骤01 打开网盘中"素材文件\第6章\翅膀.jpg"文件，打开网盘中"素材文件\第6章\玫瑰.jpg"文件。

步骤02 拖动"玫瑰"到"翅膀"文件中，双击【背景】图层，在弹出的【新建图层】对话框中，单击【确定】按钮，将【背景】图层转换为普通图层，如图6-79所示。

步骤03 新建【图层2】，填充白色，移动到【图层】面板最下方，单击选择【图层1】，更改图层混合模式为深色，向下方移动图像，如图6-80所示。

图6-79 合并图像

图6-80 更改图层混合模式

步骤04 在【图层】面板中，单击【添加图层蒙版】按钮 ，为【图层1】添加图层蒙版，选择【画笔工具】 ，使用黑色柔边画笔在人物下方涂抹，融合图像。

步骤05 在【图层】面板中，单击【添加图层蒙版】按钮 ，为【图层0】添加图层蒙版，选择【画笔工具】 ，使用黑色柔边画笔在红色心形位置涂抹，淡化图像，如图6-81所示。

步骤06 在【图层】面板中，单击选择【图层1】，按【Ctrl+T】组合键，执行自由变换操作，适当旋转图像，最终效果如图6-82所示。

图6-81 修改图层蒙版

图6-82 旋转图像

📎 知识能力测试

本章讲解了蒙版和通道的技术运用，为对知识进行巩固和考核，布置相应的练习题。

一、填空题

1. 一幅RGB颜色模式的图像，在【通道】面板中，会显示＿＿＿、＿＿＿、＿＿＿3个通道。

2. 通道作为图像的组成部分，与图像的格式是密不可分的。图像的颜色模式决定了通道的数量和模式，Photoshop CC提供了3种类型的通道：＿＿＿、＿＿＿和＿＿＿通道。

3. 使用通道计算功能，可将不同图像中的两个通道混合起来，或者把同一幅图像中的两个通道混合起来，然后混合效果输出到一个新的通道或文档中，一般用于生成特效。通道的计算包括＿＿＿、＿＿＿两个命令。

二、选择题

1. （ ）命令可以将分离的单独通道图像合并为一个整体，该方法常用于调整图像的整体色调。

    A．删除通道　　　　B．合并通道　　　　C．计算　　　　D．分离通道

2. Alpha 通道是储存选区的通道，它是利用颜色的灰阶亮度来储存选区的，是灰度图像，只能以（ ）来表现图像。

    A．红、绿、紫　　　　　　　　　B．灰

    C．白　　　　　　　　　　　　　D．黑、白、灰

3. 剪贴蒙版是通过下方图层的形状来限制上方图层的显示状态，达到一种剪贴画的效果，剪贴蒙版至少需要（ ）个图层才能创建。

    A．一　　　　　　B．三　　　　　　C．两　　　　　　D．四

三、简答题

1. 请简述什么是剪贴蒙版，它的优势在哪里？

2. 什么是 PANTONE 色卡？它的主要作用是什么？

第7章

路径的绘制与编辑

　　Photoshop CC 中的路径工具可以绘制出多种形状的矢量图形，并且可以对绘制的图像进行编辑。本章将详细讲述路径的绘制与编辑方法。

学习目标

- 充分理解什么是路径
- 熟练掌握路径的绘制方法
- 熟练掌握路径的编辑方法

7.1 了解路径

路径是一系列点连续起来的线段或曲线。可以沿着这些线段或曲线填充颜色，或者进行描边，从而绘制出图像。

7.1.1 什么是路径

路径不是图像中的像素，只是用来绘制图形或选择图像的一种依据。利用路径可以编辑不规则图形，建立不规则选区，还可以对路径进行描边、填充来制作特殊的图像效果。通常路径是由锚点、路径线段以及方向线组成。

直线路径如图7-1所示，曲线路径如图7-2所示。

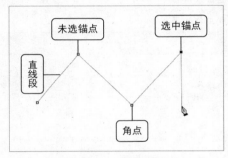

图7-1　直线路径

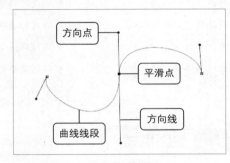

图7-2　曲线路径

1．锚点

锚点又称为节点。在绘制路径时，线段与线段之间由一个锚点连接，锚点本身具有直线或曲线属性，当锚点显示为白色空心时，表示该锚点未被选取；而当锚点为黑色实心时，表示该锚点为当前选取的点。

2．路径线段

两个锚点之间连接的部分就称为线段。如果线段两端的锚点都带有直线属性，则该线段为直线；如果任意一端的锚点带有曲线属性，则该线段为曲线。当改变锚点的属性时，通过该锚点的线段也会被影响。路径线段的轮廓，用于控制绘制图形的形状。

3．方向线

当选取带有曲线属性的锚点时，锚点的两侧便会出现方向线。用鼠标拖动方向线末端的方向点，即可改变曲线段的弯曲程度。

7.1.2 路径面板

执行【窗口】→【路径】命令，打开【路径】面板，当创建路径后，在【路径】面板上就会自动创建一个新的工作路径，如图7-3所示。

图7-3 【路径】面板

❶路径／工作路径／矢量蒙版	显示了当前文档中包含的路径、临时路径和矢量蒙版
❷用画笔描边路径	用画笔工具对路径进行描边
❸用前景色填充路径	用前景色填充路径区域
❹将路径作为选区载入	将创建的路径作为选区载入
❺将选区作为路径载入	从当前的选区中生成工作路径
❻添加蒙版	从当前路径创建蒙版
❼创建新路径	可以创建新的路径层
❽删除当前路径	可以删除当前选择的路径

7.1.3 绘图模式

在 Photoshop CC 中，使用钢笔和形状等矢量工具可以创建不同类型的对象，包括工作路径、形状路径和像素图层，分别如图7-4、图7-5、图7-6所示。

图7-4 工作路径　　　　图7-5 形状路径　　　　图7-6 像素图层

1．工作路径

在选项栏中选择【路径】选项并绘制路径后，可以单击【选区】【蒙版】【形状】按钮，将路径转换为选区、矢量蒙版或形状图层。

2．形状路径

在选项栏中选择【形状】选项后，可以在【填充】选项下拉列表以及【描边】选项组中单击下一个按钮，然后选择用纯色、渐变和图案对图形进行填充和描边，如图7-7所示。

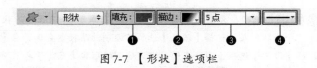

图7-7 【形状】选项栏

❶设置形状填充类型	单击【下拉】按钮，在下拉面板中可以分别选择【无填充/描边】◻、【用纯色填充/描边】▪、【用渐变填充/描边】▪、【用图案填充/描边】▨四种填充类型。如果要自定义填充颜色，可单击▫按钮，打开【拾色器】进行调整
❷设置形状描边类型	单击【下拉】按钮，在打开的下拉面板中可用纯色、渐变和图案为图形进行描边
❸设置形状描边宽度	单击【下拉】按钮，打开下拉菜单，拖动滑块可以调整描边宽度
❹设置形状描边类型	单击【下拉】按钮，打开下拉面板，在该面板中可以设置【描边】选项

3．像素图层

在选项栏中选择【像素】选项后，可以为绘制的图像设置混合模式和不透明度。【像素】选项栏如图7-8所示。

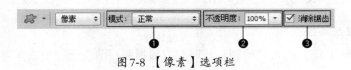

图7-8 【像素】选项栏

❶模式	可以设置混合模式，让绘制的图像与下方其他图像产生混合效果
❷不透明度	可以为图像指定不透明度，使其呈现透明效果
❸消除锯齿	可以平滑图像的边缘，消除锯齿

7.2 绘制路径

绘制路径的工具主要有两种：一种是钢笔工具，包括【钢笔工具】✐和【自由钢笔工具】✐；另一种是形状工具。下面分别进行介绍。

7.2.1 钢笔工具

【钢笔工具】✐是最常用的一种路径绘制工具，一般情况下，它可以在图像上快速创建各种不同形状的路径。选择工具箱中的【钢笔工具】✐，或按键盘上的【P】键选择【钢笔工具】✐，其选项栏中常见的参数作用如图7-9所示。

图7-9 【钢笔工具】选项栏

❶绘制方式	包括3个选项，分别为【形状】【路径】【像素】。选择【形状】选项，可以创建一个形状图层；选择【路径】选项，绘制的路径则会保存在【路径】面板中；选择【像素】选项，则会在图层中为绘制的形状填充前景色
❷建立	包括【选区】【蒙版】和【形状】3个选项，单击相应的按钮，可以将路径转换为相应的对象
❸路径操作	单击【路径操作】按钮▣，将打开下拉列表，选择【合并形状】▣，新绘制的图形会添加到现有的图形中；选择【减去图层形状】▣，可从现有的图形中减去新绘制的图形；选择【与形状区域相交】▣，得到的图形为新图形与现有图形的交叉区域；选择【排除重叠区域】▣，得到的图形为合并路径中排除重叠的区域
❹路径对齐方式	可以选择多个路径的对齐方式，包括【左边】【水平居中】【右边】等
❺路径排列方式	选择路径的排列方式，包括【将路径置为顶层】【将形状前移一层】等选项
❻橡皮带	单击【橡皮带】按钮✿，可以打开下拉列表，勾选【橡皮带】选项，在绘制路径时，可以显示路径外延
❼自动添加/删除	勾选该复选框，则【钢笔工具】▣就具有了智能增加和删除锚点的功能。将【钢笔工具】▣放在选取的路径上，鼠标指针即可变成"▵."状，表示可以增加锚点；而将钢笔工具放在选中的锚点上，鼠标指针即可变成"▵."状，表示可以删除此锚点

1．绘制直线路径

使用【钢笔工具】▣可以绘制直线路径，根据路径节点依次单击即可，具体操作步骤如下。

步骤01　在图像窗口中单击鼠标左键，确定路径的起始点，在下一目标处单击，即可在这两点间创建一条直线段，通过相同操作依次确定路径的相关节点，如图7-10所示。

步骤02　可以将鼠标指针放置在路径的起始点上，当指针变成"▵."形状时，单击即可创建一条闭合路径，如图7-11所示。

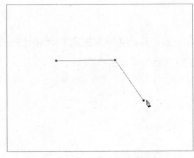

图7-10　绘制直线路径

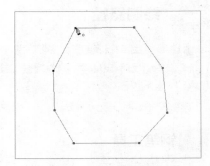

图7-11　闭合直线路径

技能拓展

在单击确定路径的锚点位置时，若同时按住【Shift】键，线段会以45°角的倍数移动方向。

2．绘制曲线路径

使用【钢笔工具】 ❶绘制曲线的具体步骤如下所示。

步骤01 在图像窗口中单击鼠标，确定路径的起始点，在下一目标处单击并拖动鼠标，拖出锚点，两个锚点间的线段即为曲线段，如图7-12所示。

步骤02 通过相同操作依次确定路径的相关节点，可以将鼠标指针放置在路径的起始点上，当指针变成"❷."形状时，单击即可创建一条闭合路径，如图7-13所示。

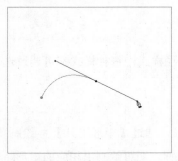 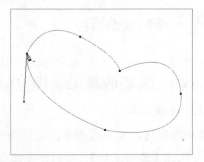

图7-12 绘制曲线路径　　　　　　　　　图7-13 闭合曲线路径

技 能 拓 展

在绘制路径时按住【Ctrl】键，这时鼠标指针将呈 ▶ 状，拖动锚点，即可改变路径的形状。

7.2.2 自由钢笔工具

【自由钢笔工具】 ❶进行路径绘制时如同铅笔在纸上绘画一样，拖动鼠标左键即可绘制自由路径，选择工具箱中的【自由钢笔工具】 ❷，其选项栏中常用的参数作用如图7-14所示。

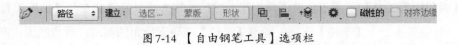

图7-14 【自由钢笔工具】选项栏

磁性的	勾选该复选框，在绘制路径时，可仿照【磁性套索工具】 ❶的用法设置平滑的路径曲线，对创建具有轮廓的图像的路径很有帮助。

使用【自由钢笔工具】 ❶创建路径的具体操作方法如下。

在图像中单击确定起点，按住鼠标左键进行移动，如图7-15所示。绘制出形状后，释放鼠标结束路径的创建，如图7-16所示。

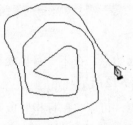

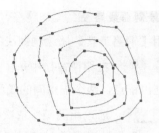

图 7-15　拖动鼠标左键　　　　　　　　　　　图 7-16　完成绘制

7.2.3　绘制预设路径

工具箱中的形状工具组中预设了很多常用的路径样式，每种样式都可通过选项栏的设置得到不同效果的路径形状，下面分别进行介绍。

1．矩形工具

【矩形工具】▣主要用于绘制矩形或正方形图形，通过【矩形工具】▣绘制路径时，只需要选择【矩形工具】，然后在图像窗口中拖动鼠标，即可绘制出相应的矩形路径。

单击其选项栏中的 ❖ 按钮，打开一个下拉面板，在面板中可以设置矩形的创建方法，矩形路径的效果如图 7-17 所示。

图 7-17　【矩形工具】下拉面板

① 不受约束	拖动鼠标创建任意大小的矩形
② 方形	拖动鼠标创建任意大小的正方形
③ 固定大小	勾选该项并在它右侧的文本框中输入数值（W 为宽度，H 为高度），此后单击鼠标时，只创建预设大小的矩形
④ 比例	勾选该项并在它右侧的文本框中输入数值，此后拖动鼠标时，无论创建多大的矩形，矩形的宽度和高度都保持预设的比例
⑤ 从中心	以任何方式创建矩形时，鼠标在画面中的单击点即为矩形的中心，拖动鼠标时矩形将由中心向外扩展

2．圆角矩形工具

【圆角矩形工具】▣用于创建圆角矩形。它的使用方法以及选项都与【矩形工具】▣相同，只是多了一个【半径】选项，通过【半径】来设置倒角的幅度，数值越大，产生的圆角效果越明显。如图 7-18 所示，【半径】分别为 80 像素和 200 像素创建的圆角矩形效果。

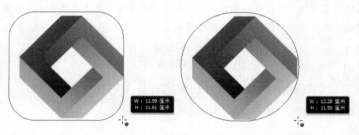

图 7-18　【半径】为 80 像素和 200 像素的圆角矩形路径

3．椭圆工具

【椭圆工具】可以绘制椭圆或圆形图形，其使用方法与矩形工具的操作方法相同，只是绘制的形状不同。

技 能 拓 展

使用【矩形工具】和【椭圆工具】绘制路径时，按住【Shift】键拖动鼠标则可以创建正方形和正圆图形。

4．多边形工具

【多边形工具】用于绘制多边形和星形，通过在选项栏中设置边数的数值来创建多边形图形，单击其工具栏中的 按钮，打开下拉面板，如图7-19所示。在图像中创建多边形描边后的效果，如图7-20所示。

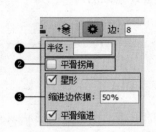

图7-19 【多边形工具】下拉面板

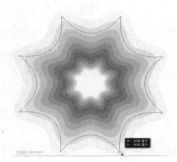

图7-20 绘制多边形

在【多边形工具】面板中，各选项含义如下。

❶半径	设置多边形或星形的半径长度，单击并拖动鼠标时将创建指定半径值的多边形或星形
❷平滑拐角	创建具有平滑拐角的多边形和星形
❸星形	勾选该选项可以创建星形。在【缩进边依据】选项中可以设置星形边缘向中心缩进的数量，该值越高，缩进量越大。勾选【平滑缩进】，可以使星形的边平滑地向中心缩进。

温馨提示

在【多边形工具】选项面板中，勾选【星形】选项后，【缩进边依据】和【平滑缩进】选项才可用。设置星形的形状与尖锐度，是以百分比的方式设置内外半径比的。例如，当边为5，【缩进边依据】设置为50%时，就可得到标准的五角星。

5．直线工具

【直线工具】是创建直线和带有箭头的线段。使用直线工具绘制直线时，首先在工具选项栏中的【精细】选项中设置线的宽度，然后单击鼠标并拖动，释放鼠标后即可绘制一条直线段。在选项栏中单击 ⚙ 按钮，打开下拉面板，如图 7-21 所示，在图像中创建直线描边后的效果，如图 7-22 所示。

图 7-21 【直线工具】选项设置

图 7-22 绘制带箭头的直线

在【箭头】面板中，各选项含义如下。

❶ 起点/终点	勾选【起点】，可在直线的起点添加箭头；勾选【终点】，可在直线的终点添加箭头；两项都勾选，则起点和终点都会添加箭头
❷ 宽度	用于设置箭头宽度与直线宽度的百分比，范围为 10%~1000%
❸ 长度	用于设置箭头长度与直线宽度的百分比，范围为 10%~1000%
❹ 凹度	用于设置箭头的凹陷程度，范围为 −50%~50%。该值为 0% 时，箭头尾部平齐；大于 0% 时，向内凹陷；小于 0% 时，向外凸出

6. 自定形状工具

【自定形状工具】 🔲 可以创建 Photoshop CC 预设的形状、自定义的形状或者是外部提供的形状。选择该工具后，需要单击工具选项栏中的【几何选项】按钮 ▾，在打开的形状下拉面板中选择一种形状，如图 7-23 所示，然后单击并拖动鼠标即可创建图像。

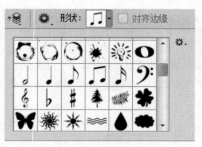

图 7-23 【自定形状工具】选项设置

> **温馨提示**
>
> 使用矩形、圆形、多边形、直线和自定形状工具时，绘制图形的过程中按下键盘中的空格键并拖动鼠标，可以移动图形。

📖 课堂范例——绘制红星效果

步骤01 打开网盘中"素材文件\第7章\两个小孩.jpg"文件，如图 7-24 所示。选择【钢笔工具】 ✎ ，在选项栏中，选择【路径】选项，单击确定路径起点，再次单击并拖动鼠标，创建曲线路径，如图 7-25 所示。

图7-24　原图效果

图7-25　绘制曲线

步骤02　移动鼠标指针到路径起点，单击闭合路径，如图7-26所示。按住鼠标不放，拖动调整路径形状，如图7-27所示。

图7-26　闭合路径

图7-27　调整路径形状

步骤03　选择【多边形工具】◎，在选项栏中，选择【路径】选项，设置【边】为"5"，单击◎按钮，在下拉面板中，勾选【星形】复选项，设置【缩进边依据】为"50%"，如图7-28所示。在图像中拖动鼠标绘制星形路径，如图7-29所示。

图7-28　设置多边形选项

图7-29　绘制星形路径

步骤04　按【Ctrl+Enter】组合键，将路径转换为选区，如图7-30所示。在【图层】面板中，新建【图层1】，如图7-31所示。

图7-30 将路径转换为选区

图7-31 新建图层

步骤05 设置前景色为"红色",按【Alt+Delete】组合键填充前景色,如图7-32所示。将图层1移动到适当位置,最终效果如图7-33所示。

图7-32 填充选区

图7-33 移动图像

7.3 【路径】的编辑

创建路径后,可以对路径进行编辑,下面讲解路径的编辑,包括修改路径、路径合并、变换路径、描边和填充路径等知识。

7.3.1 选择与移动锚点

使用【路径选择工具】单击可以选择路径。

使用【直接选择工具】单击一个锚点即可选择该锚点,选中的锚点为实心方块,未选中的锚点为空心方块。单击一个路径线段,可以选择该路径线段。

选择锚点、路径线段和路径后,按住鼠标左键不放并拖动,即可将其移动。

7.3.2 添加和删除锚点

选择【添加锚点工具】,将鼠标指针放在路径上,当鼠标指针变为"♧+"时,单击即可添加一个锚点，如图7-34所示。选择【删除锚点工具】按钮 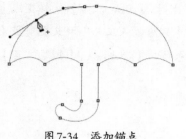，将鼠标指针放在锚点上，当鼠标指针变为"ⵈ₋"时，单击即可删除该锚点，如图7-35所示。

图7-34　添加锚点

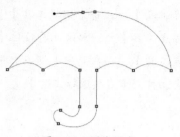

图7-35　删除锚点

7.3.3　转换锚点类型

　　【转换点工具】 ⌐用于转换锚点的类型，选择该工具后，将鼠标指针放在锚点上，如果当前锚点为平滑点，如图7-36所示。单击鼠标可将其转换为角点，如图7-37所示。

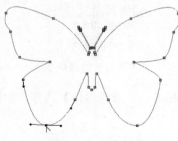

图7-36　平滑点

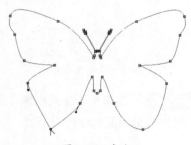

图7-37　角点

　　如果当前锚点为角点，如图7-38所示。单击拖动鼠标可将其转换为平滑点，如图7-39所示。

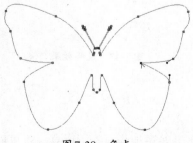

图7-38　角点

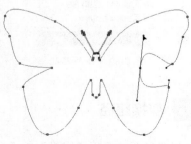

图7-39　平滑点

将【钢笔工具】 放置到路径上时，【钢笔工具】 即可临时切换为【添加锚点工具】 ；将【钢笔工具】 放置到锚点上时，【钢笔工具】 将变成【删除锚点工具】 ；如果此时按住【Alt】键，则【删除锚点工具】 又会变成【转换点工具】 ；在使用【钢笔工具】 时，如果按住【Ctrl】键，【钢笔工具】 又会切换到【直接选择工具】 。

7.3.4　路径合并

在绘制复杂的路径形状时，可以使用路径合并功能，创建出需要的路径形状，合并路径的具体操作方法如下。

步骤01　选择【自定形状工具】 ，拖动鼠标绘制两个重叠的形状，如图7-40所示。在选项栏中，单击【路径操作】按钮 ，选择【与形状区域相交】选项，如图7-41所示。

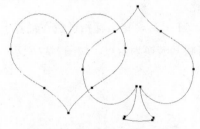

图7-40　绘制重叠形状

图7-41　选择命令

步骤02　再次单击【路径操作】按钮 ，选择【合并形状组件】选项，如图7-42所示。最终效果如图7-43所示。

图7-42　合并形状

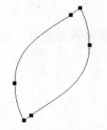

图7-43　最终效果

7.3.5　变换路径

选择路径后，执行【编辑】→【变换路径】下拉菜单中的命令可以显示定界框，拖动控制点即可对路径进行缩放、旋转、斜切、扭曲等变换操作。路径的变换方法与图像的变换方法相同。按【Ctrl+T】组合键，可以进入自由变换路径状态。

7.3.6 描边和填充路径

在【路径】面板中，可以直接将颜色、图案填充至路径中，或直接用设置的前景色对路径进行描边，下面将进行详细的介绍。

步骤01 打开网盘中"素材文件\第7章\盆花.jpg"文件，选择【自定形状工具】，在图像中绘制路径，如图7-44所示。

步骤02 设置前景色为"蓝色#118ede"，单击【路径】面板底部的【用前景色填充路径】按钮，如图7-45所示。

图7-44 绘制路径

图7-45 填充路径

步骤03 设置前景色为"橙色#ebd424"，选择【画笔工具】，在选项栏中设置大小为"20像素"，单击【路径】面板底部的【用画笔描边路径】按钮，如图7-46所示。

步骤04 通过前面的操作，得到路径的描边效果，在【路径】面板的空白区域单击，隐藏工作路径，如图7-47所示。

图7-46 描边路径

图7-47 最终效果

> **温馨提示**
> 按住【Alt】键的同时，单击【路径】面板底部的【用前景色填充路径】按钮，将弹出【填充路径】对话框，单击【使用】选项右侧的"下拉"按钮，在弹出的下拉列表中可以选择一种方式作为填充路径的内容，如前景色、背景色和图案等。
> 按住【Alt】键的同时，单击【路径】面板底部的【用画笔描边路径】按钮，弹出【描边路径】对话框，在对话框中，提供了多种用于路径描边的工具。

7.3.7 路径和选区的互换

路径除了可以直接使用路径工具来创建外,还可以将创建好的选区转换为路径。而且创建的路径也可以转换为选区。

1.将选区转换为路径

创建选区后,在【路径】面板中单击【从选区生成工作路径】按钮 ◇,即可将创建的选区转换为路径。

2.将路径转换为选区

当绘制好路径后,单击【路径】面板底部的【将路径作为选区载入】按钮 ▒,就可以将路径直接转换为选区。

7.3.8 复制路径

按住【Alt】键此时鼠标指针呈现"▶₊"形状,单击并向外拖动,即可移动并复制选择的路径,通过这种方式复制的子路径,在同一路径中。

在【路径】面板中,单击需要复制的路径,将其拖动到面板底部的【创建新路径】按钮◙上即可生成新路径。

7.3.9 隐藏和显示路径

在【路径】面板的灰色空白区域单击,可快速隐藏当前图像窗口中显示的路径。如果需要显示所隐藏的【工作路径】,只需在【路径】面板中单击该路径的名称即可。

7.3.10 调整路径顺序

绘制多个路径后,路径是按前后顺序推叠放置的,在选项栏中,单击【形状排列方式】按钮 🗗,在打开的下拉菜单中,选择目标命令可以调整路径的堆叠顺序。

📖 课堂范例——为卡通小猴添加眼睛和尾巴

步骤01 打开网盘中"素材文件\第7章\小猴.jpg"文件,如图7-48所示。选择【椭圆选框工具】▣,在选项栏中,选择【路径】选项,按住【Shift】键,拖动鼠标创建正圆图形,如图7-49所示。

步骤02 在【路径】面板中,拖动【工作路径】到【创建新路径】按钮◙上,如图7-50所示。存储【工作路径】,生成【路径1】,如图7-51所示。

图7-48 原图

图7-49 绘制正圆形

图7-50 存储工作路径

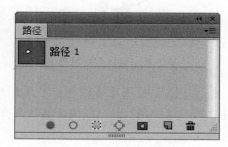

图7-51 生成"路径1"

温馨提示

　　新路径以【工作路径】的形式存放在【路径】面板中。【工作路径】是临时的，如果没有存储【工作路径】，当再次开始绘图时，新的路径将取代【工作路径】。

　　将【工作路径】拖动到【路径】控制面板底部的【创建新路径】按钮 上，可以存储【工作路径】，并自动命名为【路径1】。

步骤03 　　使用【路径选择工具】 选中圆形，按【Ctrl+C】组合键复制图形，按【Ctrl+V】组合键原位粘贴图形，如图7-52所示。执行【编辑】→【变换路径】→【缩放】命令，缩小路径，如图7-53所示。

图7-52 复制粘贴图形

图7-53 变换路径

步骤04 按【Ctrl+V】组合键再次粘贴图形，移动到下方并压扁图形，如图7-54所示。使用【路径选择工具】选中左侧的3个圆形，按住【Alt】键拖动到右侧，复制图形，如图7-55所示。

图7-54 粘贴压扁图形

图7-55 复制图形

步骤05 使用【路径选择工具】选中右下方的扁圆，向右侧移动，如图7-56所示。按住【Shift】键，使用【路径选择工具】依次单击选中上方的两个正圆，如图7-57所示。

图7-56 移动图形

图7-57 选中图形

步骤06 设置前景色为"黑色"，在【路径】面板中，单击【用前景色填充路径】按钮，如图7-58所示。填充路径效果如图7-59所示。

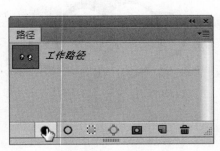

图7-58 【路径】面板

图7-59 填充路径效果

步骤07 使用【路径选择工具】依次单击选中上方的两个小正圆，如图7-60所示。设置前景色为"白色"，使用相同的方法填充路径，效果如图7-61所示。

图7-60 选择小正圆

图7-61 填充路径效果

步骤08 使用【路径选择工具】依次单击选中下方的两个扁圆，如图7-62所示。设置前景色为"红色ff0000"，使用相同的方法填充路径，填充路径效果如图7-63所示。

图7-62 选择扁圆

图7-63 填充路径效果

步骤09 选择【自定形状工具】，在选项栏中，单击打开【形状】下拉列表，单击右上角的【扩展】按钮，在快捷菜单中，选择【装饰】选项，如图7-64所示。在弹出的【提示】对话框中，单击【追加】按钮，如图7-65所示。选择【螺线】形状，如图7-66所示。

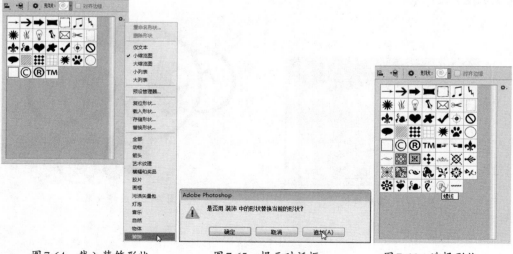

图7-64 载入装饰形状　　　图7-65 提示对话框　　　图7-66 选择形状

步骤10 在图像中拖动鼠标，绘制螺线图形，如图7-67所示。执行【编辑】→【变换路径】→【旋转】命令，旋转路径，如图7-68所示。

图7-67 绘制图形

图7-68 旋转图形

步骤11 使用【直接选择工具】 ▶ 选中锚点，调整细节，如图7-69所示。设置前景色为"黑色"，在【路径】面板中，单击【用前景色填充路径】按钮 ●，效果如图7-70所示。

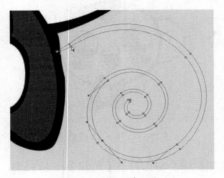

图7-69 调整细节

图7-70 填充路径

步骤12 在【路径】面板中，单击其他空白位置隐藏路径，如图7-71所示，最终效果如图7-72所示。

图7-71 隐藏路径

图7-72 最终效果

课堂问答

通过本章的讲解，大家对路径的绘制与编辑有了一定的了解，下面列出一些常见的问题供学习参考。

问题 ❶：如何创建剪贴路径？

答：将图像置入另一个应用程序时，如果只想使用该图像的一部分，例如，只需要使用前景对象，而排除背景对象。使用图像剪贴路径命令则可以分离前景对象，使其他图像区域变得透明。创建剪贴路径的具体操作方法如下。

步骤01　打开网盘中"素材文件\第7章\背影.jpg"文件，创建路径如图7-73所示；在【路径】面板中，拖动【工作路径】到【创建新路径】按钮 上，存储【工作路径】，如图7-74所示。

图 7-73　创建路径

图 7-74　存储【工作路径】

步骤02　单击【路径】面板右上角的【扩展】按钮 ，在快捷菜单中选择【剪贴路径】命令，如图7-75所示。

步骤03　在【剪贴路径】对话框的【展平度】文本框中输入适当的数值，可以将【展平度】值保留为空白，以便使用打印机的默认值打印图像，完成设置后，单击【确定】按钮，如图7-76所示。

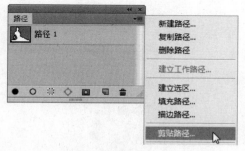

图 7-75　选择命令

图 7-76　【剪贴路径】对话框

问题 ❷：绘制圆角矩形后，还可以修改该图形的半径值吗？

答：如果对绘制的路径不满意，可以在【属性】面板中进行修改，具体操作方法如下。

步骤01 打开网盘中"素材文件\第7章\矩形.jpg"文件，选择【圆角矩形工具】，在选项栏中，设置【半径】为"155像素"，创建路径，如图7-77所示。

步骤02 在【属性】面板中，单击【将角半径值链接到一起】按钮，设置【左上角半径】为"100像素"，如图7-78所示。修改后的圆角矩形如图7-79所示。

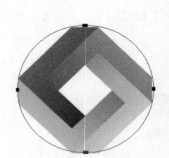
图7-77 绘制圆角矩形

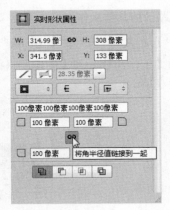
图7-78 【属性】面板

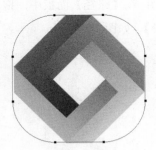
图7-79 修改效果

问题 ❸：如何预览路径走向？

答：使用钢笔工具绘制路径时，可以开启预览路径走向功能，具体操作方法如下。

选择【钢笔工具】，在选项栏中，单击✿按钮，在下拉面板中，勾选【橡皮带】复选项，此后，在绘制路径时，可以预览将要创建的路径线段，判断路径走向，从而绘制出更加准确的路径，绘制过程如图7-80、图7-81、图7-82所示。

图7-80 路径起点

图7-81 预览路径走向

图7-82 绘制第二点

上机实战——更换图像背景

通过本章的学习，为了让读者能巩固本章知识点，下面讲解一个技能综合案例，使大家对本章的知识有更深入的了解。

效果展示

素材

效果

思路分析

钢笔工具是非常重要的抠图工具，常用于抠取不规则形状的对象轮廓，它抠取的对象边缘光滑，不会出现锯齿状，常用于印刷品对象的去底，具体操作方法如下。

本例首先使用【钢笔工具】 沿着人物创建路径，接下来将路径转换为选区，最后通过【贴入】命令更改人物背景，得到最终效果。

制作步骤

步骤01 打开网盘中"素材文件\第7章\黄裙.jpg"文件，如图7-83所示。

步骤02 选择【钢笔工具】 ，在选项栏中，选择【路径】选项，在图像中单击确定起始点，如图7-84所示。

图7-83 原图

图7-84 确定起始点

步骤03 在节点处，单击并拖动鼠标创建平滑节点，如图7-85所示。按住【Alt】键，在节点上单击更改节点类型为尖角，如图7-86所示。

图 7-85　创建平滑节点

图 7-86　更改节点类型

步骤 04　在下一个节点处，单击并拖动鼠标创建平滑节点，如图 7-87 所示。按住【Alt】键，在节点上单击更改节点类型为尖角，如图 7-88 所示。

图 7-87　创建下一个平滑节点

图 7-88　更改节点类型

步骤 05　在脸部依次单击创建脸部节点，如图 7-89 所示。在额头处，单击并拖动鼠标创建平滑节点，如图 7-90 所示。

步骤 06　按住【Alt】键，在节点上单击更改节点类型为尖角，如图 7-91 所示。在前额头发位置单击并拖动创建节点，按住【Alt】键，在节点上单击更改节点类型为尖角，如图 7-92 所示。

图 7-89　创建脸部节点

图 7-90　创建平滑节点

图7-91　更改节点类型

图7-92　创建前额节点

步骤07 在蛇腹位置单击并拖动创建节点，如图7-93所示。使用相同的方法，创建头发位置节点，如图7-94所示。

图7-93　创建蛇腹节点

图7-94　创建头发节点

步骤08 使用相同的方法，创建右侧所有节点，如图7-95所示。使用相同的方法，沿着人物创建节点，在起点处单击封闭路径，如图7-96所示。

步骤09 按【Ctrl+Enter】组合键载入路径选区，如图7-97所示。按【Shift+Ctrl+I】组合键，反向选区，如图7-98所示。

图7-95　创建右侧节点

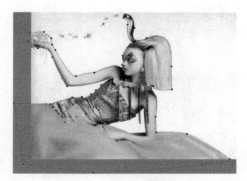

图7-96　创建封闭路径

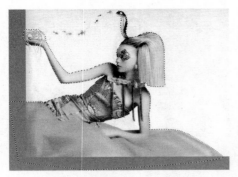

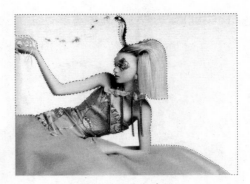

图 7-97　将路径转换为选区　　　　　　图 7-98　反向选区

步骤10　执行【选择】→【修改】→【平滑】命令，设置【取样半径】为"10像素"，单击【确定】按钮，如图7-99所示。

步骤11　打开网盘中"素材文件\第7章\背景.jpg"文件，按【Ctrl+A】组合键全选图像，按【Ctrl+C】组合键复制图像，如图7-100所示。

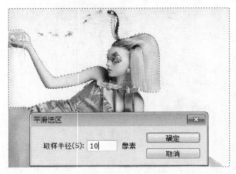

图 7-99　平滑选区　　　　　　　图 7-100　打开素材图像

步骤12　切换回"黄裙"图像中，执行【编辑】→【选择性粘贴】→【贴入】命令，系统将根据选区自动创建图层蒙版，如图7-101所示。

步骤13　结合【画笔工具】和【魔棒工具】修改图层蒙版，涂掉多余的图像，使图像结合更加自然，如图7-102所示。

图 7-101　贴入图像　　　　　　　图 7-102　调整蒙版

同步训练——为图像添加装饰物

为了增强读者的动手能力，下面安排一个同步训练案例，通过上机实战案例的学习，让读者达到举一反三、触类旁通的学习效果。

图解流程

素材

效果

思路分析

为图像添加装饰可以增加画面的立体感，还可以起到丰富画面的作用，使平淡的图像更加具有吸引力，具体操作方法如下。

本例首先使用【自定形状工具】绘制图形，然后使用【画笔工具】描边路径，调整路径大小后继续描边路径。最后使用图层混合和图层蒙版完善画面，完成效果制作。

关键步骤

步骤01 打开网盘中"素材文件\第7章\倾斜人物.jpg"文件。选择【自定形状工具】，在选项栏中，选择【路径】选项，载入【画框】形状组，单击【边框8】图标，如图7-103所示。

步骤02 拖动鼠标绘制路径，按【Ctrl+T】组合键，执行自由变换操作，适当放大路径，如图7-104所示。

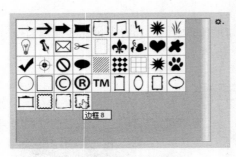

图 7-103　载入边框图形

图 7-104　绘制路径

步骤03　选择【画笔工具】，在选项栏中，单击【画笔选取器】右上角的【扩展】按钮，在打开的快捷菜单中，选择【特殊效果画笔】，载入特殊效果画笔，单击【杜鹃花串】画笔，如图 7-105 所示。

步骤04　在【画笔预设】面板中，单击【画笔笔尖形状】选项，设置【间距】为140%，如图 7-106 所示。

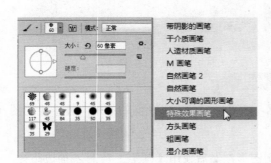

图 7-105　载入特殊效果画笔

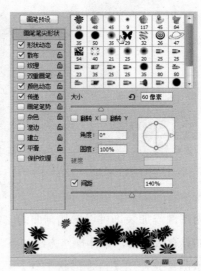

图 7-106　【画笔预设】面板

步骤05　勾选【形状动态】选项，设置【大小抖动】为"100%"，勾选【散布】选项。勾选【两轴】复选项，设置【散布】为"173%"。勾选【颜色动态】选项，设置【前景/背景抖动】为"100%"，【色相抖动】为"46%"，【饱和度抖动】为"27%"，【亮度抖动】为"0%"，【纯度】为"0%"。

步骤06　在【图层】面板中，新建【图层1】。设置前景色为"洋红色#dc11de"，在【路径】面板中，将【工作路径】拖动到【创建新路径】按钮上，存储为【路径1】。单击【用画笔描边路径】按钮，如图 7-107 所示。通过前面的操作，得到图像描边效果，如图 7-108 所示。

图7-107 【路径】面板

图7-108 描边路径效果

步骤07 在【路径】面板中，单击其他位置隐藏【路径】。在【路径】面板中，拖动【路径1】到【创建新路径】按钮 上，生成【路径1拷贝】，按【Ctrl+T】组合键，执行自由变换操作，适当缩小路径。

步骤08 在【图层】面板中，新建【图层2】。在【路径】面板中，单击【用画笔描边路径】按钮，在【路径】面板中，单击其他位置隐藏【路径】。

步骤09 更改【图层2】图层混合模式为"划分"。为【图层2】添加图层蒙版，使用黑色【画笔工具】涂抹蒙版，显示被遮挡的脸部。

知识能力测试

本章主要讲解了路径的绘制与编辑的常用工具，为对知识进行巩固和考核，特布置如下相应的练习题。

一、填空题

1.【直线工具】 是创建_____和_____。使用直线工具绘制直线时，首先在工具选项栏中的【精细】选项中设置线的宽度，然后单击鼠标并拖动，释放鼠标后即可绘制一条直线段。

2.【多边形工具】用于创建有多条边的形状路径工具，该工具还可以创建_____和_____。

3. 在【路径】面板中，可以直接将_____、_____填充至路径中，或直接用设置的前景色对路径进行描边。

二、选择题

1. 执行【窗口】→【路径】命令，打开【路径】面板，当创建路径后，在【路径】面板上就会自动创建一个新的（　　）。

    A.【工作路径】　　　B.【路径1】　　　C.【子路径】　　　D.【复合路径】

2. 按（　　）组合键可以快速将路径转换为选区。路径转换为选区后并没有删除路径，在处理图像时可以多次相互转换。

    A.【Shift+F4】　　　B.【Alt+Shift】　　　C.【Ctrl+F4】　　　D.【Ctrl+Enter】

3.（　　　）用于转换锚点的类型，选择该工具后，将鼠标指针放在锚点上，如果当前锚点为平滑点，单击鼠标可将其转换为角点。

A.【路径选择工具】　　　　　　　　B.【转换点工具】

C.【直接选择工具】　　　　　　　　D.【椭圆工具】

三、简答题

1.【路径选择工具】和【直接选择工具】有什么区别？

2.【矩形工具】选项设置面板中，【从中心】选项有什么作用？

CC
PHOTOSHOP

第8章

文字的输入与编辑

　　文字不仅能够表现设计主题，还可以装饰版面。Photoshop CC提供了强大的文字编辑功能，本章将具体讲述文字基础、创建和编辑文字、文字的特殊编辑等知识。

学习目标

- 熟练了解文字基础知识
- 熟练掌握文字创建方法
- 熟练掌握文字编辑方法
- 熟练掌握文字的其他操作

文字基础知识

文字是传递信息的重要手段，在进行图像的处理和特效的制作时，可以创建各种奇特的文字效果，为图像增色。下面，就了解文字的类型以及工具选项栏。

8.1.1 文字类型

点文字的文字行是独立的，即文字行的长度随文本的增加而变长，不会自动换行，因此，如果在输入点文字时，要进行换行的话，必须按回车键。

8.1.2 文字工具选项栏

在输入文字前，需要在工具选项栏或【字符】面板中设置字符的属性，包括字体、大小、文字颜色等。【文字工具】选项栏中常见的参数作用如图8-1所示。

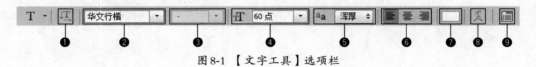

图8-1 【文字工具】选项栏

❶更改文本方向	如果当前文字为横排文字，单击该按钮，可将其转换为直排文字；如果是直排文字，则可将其转换为横排文字
❷设置字体	在该选项下拉列表中可以选择字体
❸字体样式	用来为字符设置样式，包括Regular（规则的）、Italic（斜体）、Bold（粗体）和Bold Italic（粗斜体）。该选项只对部分英文字体有效
❹字体大小	可以选择字体的大小，或者直接输入数值来进行调整
❺消除锯齿的方法	为文字消除锯齿选择一种方法，Photoshop CC会通过部分地填充边缘像素来产生边缘平滑的文字，使文字的边缘混合到背景中而看不出锯齿。其中包含选项【无】【锐利】【犀利】【深厚】和【平滑]
❻文本对齐	根据输入文字时光标的位置来设置文本的对齐方式，包括【左对齐】文本▤、【居中对齐】文本▤和【右对齐】文本▤
❼文本颜色	单击颜色块，可以在打开的【拾色器】中设置文字的颜色。
❽文本变形	单击该按钮，可以在打开的【变形文字】对话框中为文本添加变形样式，创建变形文字。
❾显示/隐藏字符面板和段落面板	单击该按钮，可以显示或隐藏【字符】和【段落】面板。

8.2 创建文字

文字的创建方式有很多，包括点文字、段落文字、文字选区，下面将对文字的创建进行详细的讲解。

8.2.1 创建点文字

点文字适用于单字、单行或单列文字的输入。在文件窗口中输入文本行时，点文字行会随着文字的输入向窗口右侧延伸，到达文件右端时不会自动换行。

技 能 拓 展

在输入文字时，单击3次鼠标可以选择一行文字；单击4次鼠标可以选择整个段落；按【Ctrl+A】快捷键可以选择全部文字。

8.2.2 创建段落文字

创建段落文本时，会自动生成文本框，在该框中录入文字后，Photoshop CC会根据框架的大小、长宽自动换行，具体操作方法如下。

步骤01 打开网盘中"素材文件\第8章\雪花.jpg"文件，选择【横排文字工具】$\boxed{T}$，在图像中单击并拖动鼠标，此时出现一个定界框，释放鼠标即出现一个文本框，如图8-2所示。

步骤02 在选项栏中，设置文字属性，在文本框内输入文字，当文字输到文本框边界时会自动换行，也可以直接复制其他文档中的文字，如图8-3所示。

图8-2 创建段落文本框

图8-3 输入段落文字

步骤03　当输入的段落文字超出文本框所能容纳的文字数量时，在文本框右下角会出现一个【溢流】图标⊞，用于提醒用户有文本没有显示出来。改变文本框的大小可以显示出隐藏的文本，如图8-4所示。

步骤04　单击选项栏上的【提交所有当前编辑】按钮✓，或按【Ctrl＋Enter】组合键，确认段落文字的输入，如图8-5所示。

图8-4　文本【溢流】图标⊞

图8-5　确认文字输入

8.2.3　创建文字选区

文字蒙版工具可以将输入的文字直接转换为选区，包括【横排文字蒙版工具】⊤和【直排文字蒙版工具】⊤。文字选区的具体创建方法如下。

步骤01　打开网盘中"素材文件\第8章\口红.jpg"文件，选择【直排文字蒙版工具】⊤，在选项栏，设置文字属性，在画面单击创建文字输入点，并输入文字，如图8-6所示。

步骤02　单击选项栏上的【提交所有当前编辑】按钮✓，或按【Ctrl＋Enter】组合键，确认创建文字选区，如图8-7所示。

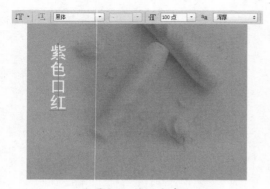

图8-6　输入文字

图8-7　生成文字选区

8.3 编辑文字

在图像中输入文字后，不仅可以调整字体的颜色、大小，还可以对已输入的文字进行其他编辑处理，包括文字的拼写检查、栅格化文字以及将文字转换为路径等操作。

8.3.1 【字符】面板

【字符】面板中提供了比工具选项栏更多的选项，单击选项栏中的【切换字符和段落面板】按钮▦或者执行【窗口】→【字符】命令，都可以打开【字符】面板。其常见的参数作用如图8-8所示，【字符】属性设置效果如图8-9所示。

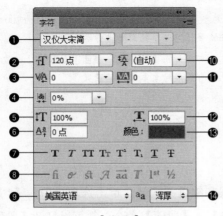

图8-8 【字符】面板   图8-9 【字符】属性设置效果

❶设置字体系列	在【设置字体系列】下拉列表中可选择需要的字体，选择不同字体的选项将得到不同的文本效果，选中文本将应用当前选中的字体
❷设置字体大小	在下拉列表框中选择文字大小值，也可以在文本框中输入大小值，对文字的大小进行设置
❸设置所选字符的字距调整	选中需要设置的文字后，在其下拉列表框中选择需要调整的字距数值
❹设置所选字符的比例间距	选中需要进行比例间距设置的文字，在其下拉列表框中选择需要变换的间距百分比，百分比越大比例间距越近
❺垂直缩放	选中需要进行缩放的文字后，垂直缩放的文本框显示为100%，可以在文本框中输入任意数值，对选中的文字进行垂直缩放
❻设置基线偏移	在该选项中可以对文字的基线位置进行设置，输入不同的数值设置基线偏移的程度，输入负值可以将基线向下偏移，输入正值则可以将基线向上偏移
❼设置字体样式	通过单击面板中的按钮可以对文字进行仿粗体、仿斜体、全部大写字母、小型大写字母、设置文字为上标、设置文字为下标，为文字添加下划线、删除线等设置

⑧Open Type 字体	包含了当前 PostScript 和 TrueType 字体不具备的功能，如花饰字和自由连字
⑨连字、拼写规则	对字符进行有关连字符和拼写规则的语言设置，Photoshop CC 使用语言词典检查连字符连接
⑩设置行距	【设置行距】选项对多行的文字间距进行设置，在下拉列表框中选择固定的行距值，也可以在文本框中直接输入数值进行设置，输入的数值越大则行间距越大
⑪设置两个字符间的字距微调	在打开的下拉列表中可直接选择预设的字距微调值，若要为选中的字符使用字体的内置字距微调信息，则选择【度量标准】选项；若要依据选定字符的形状自动调整它们之间的距离，则选择【视觉】选项；若要手动调整字距微调，则可在其后的文本框中直接输入一个数值或从该下拉列表中选择需要的选项。若选择了文本范围，则无法手动对文本进行字距微调，而需要使用字距调整进行设置
⑫水平缩放	选中需要进行缩放的文字，水平缩放的文本框显示默认值为 100%，可以在文本框中输入任意数值对选中的文字进行水平缩放
⑬设置文本颜色	在面板中直接单击颜色块可以弹出【选择文本颜色】对话框，在该对话框中选择适合的颜色即可完成对文本颜色的设置
⑭设置消除锯齿的方法	该选项用于设置消除锯齿的方法

8.3.2 【段落】面板

　　【段落】面板主要用于设置文本的对齐方式和缩进方式等。单击选项栏中的【切换字符面板和段落面板】按钮▤，或者执行【窗口】→【段落】命令，都可以打开【段落】面板，如图 8-10 所示。段落对齐和首行缩进效果如图 8-11 所示。

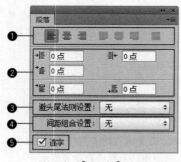

图 8-10　【段落】面板　　　　　　图 8-11　段落对齐和首行缩进效果

❶对齐方式	包括【左对齐文本】▤、【右对齐文本】▤、【居中对齐文本】▤、【最后一行左对齐】▤、【最后一行居中对齐】▤、【最后一行右对齐】▤ 和【全部对齐】▤
❷段落调整	包括【左缩进】▉、【右缩进】▉、【首行缩进】▉、【段前添加空格】▉ 和【段后添加空格】▉
❸避头尾法则设置	选取换行集为无、JIS 宽松、JIS 严格

❹间距组合设置	选区内部字符间距集
❺连字	自动用连字符连接

技 能 拓 展

　　调整文字大小：选择文字后，按【Shift+Ctrl+>】组合键，能够以2点为增量调大文字；按【Shift+Ctrl+<】组合键，能以2点为减量调小文字。

　　调整字间距：选择文字后，按【Alt+→】组合键，可以增加字间距；按【Alt+←】组合键，可以减小字间距。

　　调整行间距：选择多行文字后，按【Alt+↑】组合键，可以增加行间距；按【Alt+↓】组合键，可以减小行间距。

8.3.3 点文字和段落文字的互换

　　在Photoshop CC中，点文字与段落文字之间可以相互转换。创建点文字后，执行【类型】→【转换为段落文本】命令，即可将点文字转换为段落文字；创建段落文字后执行【类型】→【转换为点文字】命令，即可将段落文字转换为点文字。

8.3.4 文字变形

　　文字变形是指对创建的文字进行扭曲变形，例如，可以将文字变形为扇形或波浪形。选择文字图层，执行【类型】→【文字变形】命令，弹出【变形文字】对话框，在对话框中进行设置即可。

温馨
提示
　　创建文字变形后，再次执行【类型】→【文字变形】命令，或者单击选项栏中的【创建文字变形】按钮，在打开的【变形文字】对话框中可修改变形样式或参数。在【变形文字】对话框的【样式】下拉列表中选择【无】，可取消文字变形。

8.3.5 栅格化文字

　　点文字和段落文字都属于矢量文字，文字栅格化后，就由矢量图变成位图了，这样有利于使用【滤镜】等其他命令，以制作更丰富的文字效果。文字被栅格化后，就无法返回矢量文字的可编辑状态。

　　选择文字图层，执行【类型】→【栅格化文字图层】命令，文字即被栅格化。

8.3.6　创建路径选区

路径文字是指依附在路径上的文字，文字会沿着路径排列，改变路径形状时，文字的排列方式也会随之改变。图像在输出时，路径不会被输出。创建路径文字的具体操作方法如下。

步骤01　打开网盘中"素材文件\第8章\白圆.jpg"文件，选择【椭圆工具】◎，在选项栏中，选择【路径】选项，拖动鼠标创建圆形路径，如图8-12所示。

步骤02　选择【横排文字工具】Ｔ，在选项栏中，设置【字体】为"黑体"，【字体大小】为"100点"，将鼠标指针移动至路径上，此时鼠标指针会变为特殊形状，如图8-13所示。

图8-12　创建圆形路径

图8-13　确定文字输入点

步骤03　单击设置文字插入点，画面中会出现闪烁的"I"，此时输入文字即可沿着路径排列，如图8-14所示。

步骤04　按【Ctrl+Enter】组合键确定操作，在【路径】面板中，单击其他位置，隐藏路径显示，文字效果如图8-15所示。

图8-14　输入路径文字

图8-15　确定输入并隐藏路径

8.3.7　将文字转换为工作路径

选择文字图层，执行【类型】→【创建工作路径】命令，可将文字转换为工作路径，原文字属性不变，生成的工作路径可以应用填充和描边，或者通过调整描点得到变形文字。

8.3.8 将文字转换为形状

选择文字图层，执行【类型】→【转换为形状】命令，可将文字转换为矢量蒙版的形状，不会保留文字图层。

课堂范例——制作图案文字效果

步骤01 打开网盘中"素材文件\第8章\自由.jpg"文件，选择【横排文字工具】T，在图像中输入点文字，如图8-16所示。

步骤02 拖动【横排文字工具】T选中所有文字，如图8-17所示。

图8-16 输入点文字

图8-17 选中文字

步骤03 在【字符】面板中设置字符格式，得到字符效果，如图8-18所示，在【图层】面板中，生成文字图层，如图8-19所示。

图8-18 【字符】面板

图8-19 生成文字图层

步骤04 选择文字图层，执行【类型】→【文字变形】命令，弹出【变形文字】对话框，设置【样式】为"鱼形"，单击【确定】按钮，如图8-20所示，通过前面的操作，得到文字变形效果，如图8-21所示。

图 8-20 【变形文字】对话框

图 8-21 文字变形效果

8.4 文字的其他操作

文字是 Photoshop CC 的重要内容，内容非常丰富，除了文字编辑外，下面再介绍一些其他的文字操作。

8.4.1 查找和替换文本

执行【编辑】→【查找和替换文本】命令可以查找当前文本中需要修改的文字、单词、标点或字符，并将其替换为指定的内容。

8.4.2 拼写检查

如果要检查当前文本中的英文单词拼写是否有误，可执行【编辑】→【拼写检查】命令，打开【拼写检查】对话框，检查到有错误时，Photoshop CC 会提供修改建议。

8.4.3 更新所有文本图层

执行【类型】→【更新所有文本图层】命令，可更新当前文件中所有文本图层的属性，避免重复劳动，提高工作效率。

8.4.4 替换所有欠缺字体

打开文件时，如果该文档中的文字使用了系统中没有的字体，会弹出一条警告信息，指明缺少哪些字体，出现这种情况时，执行【类型】→【替换所有欠缺字体】命令，使用系统中安装的字体替换文档中欠缺的字体。

课堂问答

通过本章的讲解，大家对文字输入和编辑有了一定的了解，下面列出一些常见的问题供学习参考。

问题❶：如何创建文字占位符？

答：使用文字工具在文本中单击，设置文字插入点，执行【文字粘贴Lorem Ipsum】命令，可以使用Lorem Ipsum占位符文本快速地填充文本块以进行布局。

问题❷：处于文字编辑状态时，可以移动文字的位置吗？

答：处于文字编辑状态时，按住键盘上的空格键，移动鼠标到文字四周，会暂时切换到【移动工具】，拖动鼠标即可移动文字位置。

问题❸：制作图像时，如何选择最适合的字体？

答：好的字体要用好的表现方式，对于每一种字体的挑选，一定要根据版面传达的内容和气质进行对照选择，不要带有个人喜好，有目的性地去选择字体。

许多平常不用的基础字体要尝试着去使用，这样能加深对字体的理解，还有就是参考好的设计作品，看是如何使用文字的。总之不要乱用，要有切实可行的道理，关键就是一定要有视觉美感。

上机实战——水漾面膜肌肤最爱优惠券

为了让读者能巩固本章知识点，下面讲解一个技能综合案例，使大家对本章的知识有更深入的了解。

效果展示

思路分析

优惠券是一种常用的广告形式，广泛存在于各类宣传途径中，它不仅能够直观地表达画面所要传达的意图，还能够起到促销的作用，下面讲解优惠券制作的具体操作方法。

本例首先使用【渐变工具】制作渐变背景效果，接下来添加人物主体对象，最后使用【横排文字工具】T制作有层次感的文字说明，得到最终效果。

制作步骤

步骤01　按【Ctrl+N】组合键，执行【新建】命令，设置【宽度】为"10厘米"，【高度】为"7.8厘米"，【分辨率】为"300像素/英寸"，单击【确定】按钮，如图8-22所示。

步骤02　选择【渐变工具】■，在选项栏中，单击渐变色条，在打开的【渐变编辑器】对话框中，设置渐变色标（紫#8b56d1，白，红#ff008d），如图8-23所示。

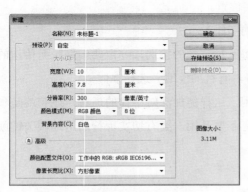

图 8-22　原图　　　　　　　　　　　　　　图 8-23　设置画笔

步骤03　从上到下拖动鼠标填充渐变色，如图8-24所示。选择【横排文字工具】T，拖动鼠标创建段落文本框，如图8-25所示。

图 8-24　填充渐变色　　　　　　　　　　　图 8-25　创建段落文本框

步骤04　在段落文本框中输入文字，如图8-26所示。在【字符】面板中，设置【字体】为"黑体"，【字体大小】为"5.6点"，【文字颜色】为"浅红色#f29b9b"，如图8-27所示。

步骤05　打开网盘中"素材文件\第8章\脸谱.tif"文件，并将其拖动到当前文件中，放置到右侧适当位置，如图8-28所示。

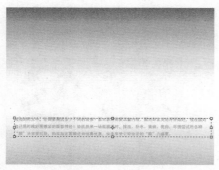

图 8-26　输入文字

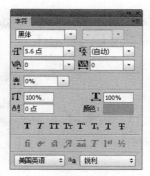

图 8-27　【字符】面板

步骤06 选择【横排文字工具】T,在左上角输入文字"惊喜优惠等着您",在选项栏中,设置【字体】为"华文琥珀",【字体大小】为"9点",【颜色】为"红色#ff0000",如图8-29所示。

图 8-28　添加素材

图 8-29　输入文字

步骤07 选中"优惠"文字,在选项栏中,更改【字体大小】为"14点",如图8-30所示。

步骤08 继续使用【横排文字工具】T,在下方输入文字"购买任意面膜产品两件立减28元",在选项栏中,设置【字体】为"华文琥珀"和"微软雅黑",【字体大小】为"9点"和"14点",【文字颜色】为"红色#ff0000",如图8-31所示。

图 8-30　输入文字

图 8-31　输入文字

步骤09 选中数字"28",在选项栏中,更改【字体大小】为"22点",如图8-32所示。

步骤10 在左上方输入文字"水漾面膜肌肤最爱",在选项栏中,设置【字体】为"微软雅黑",【字体大小】为"24点",如图8-33所示。

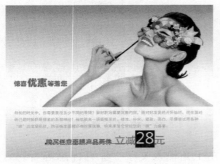

图8-32 更改文字大小

图8-33 输入文字

步骤11 在【字符】面板中,更改【行间距】为"30点",如图8-34所示。

步骤12 双击【背景】图层,在打开的【新建图层】对话框中,单击【确定】按钮,如图8-35所示。

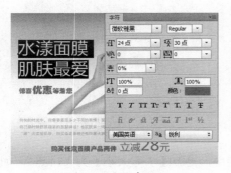

图8-34 更改字间距

图8-35 【新建图层】对话框

步骤13 执行【编辑】→【变换】→【垂直翻转】命令,垂直翻转对象,如图8-36所示。

步骤14 按【Ctrl+J】快捷键复制图层,更改【图层0拷贝】混合模式为"颜色加深",如图8-37所示。

图8-36 垂直翻转对象

图8-37 复制并混合图层

同步训练——母亲节活动宣传单页

为了增强读者的动手能力，下面安排一个同步训练案例，通过上机实战案例的学习，让读者达到举一反三、触类旁通的学习效果。

图解流程

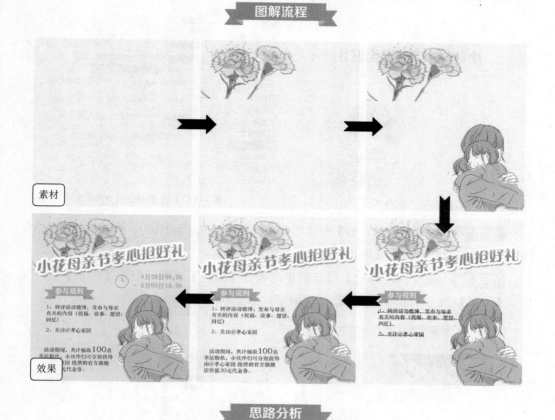

思路分析

母亲节是一个神圣的节日，每年一到母亲节，精明的商家就会推出各式各样的宣传活动，下面讲述如何制作母亲节活动宣传单页。

本例首先填充背景颜色，接下来添加主体图像分割版面，最后使用【横排文字工具】$\boxed{T}$制作标题和正文，完成效果制作。

关键步骤

步骤01 按【Ctrl+N】组合键，执行【新建】命令。设置【宽度】为"21厘米"，【高度】为"23厘米"，【分辨率】为"200像素/英寸"，单击【确定】按钮。为背景填充"浅黄色#fcf1e6"。

步骤02 打开网盘中"素材文件\第8章\花朵.tif"文件，并将其拖动到当前文件中，放置到左侧位置。打开网盘中"素材文件\第8章\母女.tif"文件，并将其拖动到当前文件中，放置到下方位置。

步骤03 选择【横排文字工具】，在选项栏中，设置【字体】为"方正粗倩简体"，【字体大小】为"56"，输入文字，如图8-38所示。

步骤04 双击文字图层，勾选【渐变叠加】选项，设置【角度】为"94度"，【缩放】为"150%"，单击渐变色条，如图8-39所示。

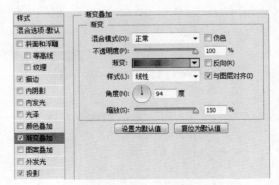

图8-38 输入文字   图8-39 【图层样式】对话框

步骤05 在【渐变编辑器】对话框中，设置渐变色（#c21b00，#ff6600，#e86a55，#f49c8d，#f1b9b0），单击【确定】按钮，如图8-40所示。

步骤06 在【图层样式】对话框中，勾选【描边】选项，设置【大小】为"28度"，【位置】为"外部"，【颜色】为"白色"，如图8-41所示。

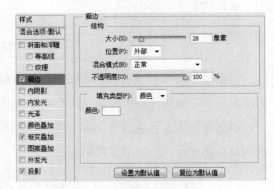

图8-40 【渐变编辑器】对话框   图8-41 【图层样式】对话框

步骤07 在【图层样式】对话框中，勾选【投影】选项，设置【距离】为"25像素"，【扩展】为"27%"，【大小】为"25像素"。

步骤08 在选项栏中，单击【创建文字变形】按钮，设置【样式】为"增加"，【弯曲】为"58%"，单击【确定】按钮。

步骤09 打开网盘中"素材文件\第8章\符号.tif"文件，并将其拖动到当前文件中，放置到左侧位置。

步骤10 选择【横排文字工具】T，在选项栏中，设置【字体】为"汉仪中黑简"，【字体大小】为"27"，输入白色文字，效果如图8-42所示。

步骤11 在选项栏中，设置【字体】为"华文中宋"，【字体大小】为"20"，输入黑色文字，在【字符】面板中，设置【行距】为"25点"，如图8-43所示。

图8-42 输入文字

图8-43 【字符】面板

步骤12 继续在下方输入黑色文字，将"100"数字字体大小更改为"30点"。在【字符】面板中，设置【行距】为"25点"。

步骤13 打开网盘中"素材文件\第8章\时钟.tif"文件，并将其拖动到当前文件中。

步骤14 选择【横排文字工具】T，在选项栏中，设置【字体】为"汉仪粗宋简"，【字体大小】为"26"，输入橘色（#fc9685）文字。

步骤15 新建【图层1】，移动到背景上方填充橙色#fc9685，更改【图层1】图层混合模式为"颜色加深"。

知识能力测试

本章主要讲解了文字的输入和编辑方法，为对相关知识进行巩固和考核，特布置如下相应的练习题。

一、填空题

1. 直接在图像中选择文字工具输入的_____和_____属于矢量图文字，文字栅格化后，就由矢量图变成位图了，这样有利于使用【滤镜】等其他命令，以制作更丰富的文字效果。

2. 执行【编辑】→【查找和替换文本】命令可以查找当前文本中需要修改的_____、_____、_____或_____，并将其替换为指定的内容。

3. 文字蒙版工具可以将输入的文字直接转换为选区，包括_____和_____。

二、选择题

1. 在输入文字时，单击（　　）次鼠标可以选择一行文字；单击4次鼠标可以选择整个段落；按【Ctrl+A】组合键可以选择全部文字。

    A．3   B．2   C．4   D．1

2．（   ）是指创建在路径上的文字，文字会沿着路径排列，改变路径形状时，文字的排列方式也会随之改变。图像在输出时，路径不会被输出。

    A．变形   B．将文字转换为形状

    C．创建为工作路径   D．路径文字

3．处于文字编辑状态时，按住键盘上的（   ），移动鼠标到文字四周，会暂时切换到【移动工具】，拖动鼠标即可移动文字位置。

    A．空格键   B．【Ctrl+Enter】组合键

    C．【Shift】键   D．【Ctrl】键

三、简答题

1．请简单回答【栅格化文字图层】命令的作用。

2．请回答【创建工作路径】和【转换为形状】命令的区别。

CC
PHOTOSHOP

第9章
图像的色彩调整

色彩可以还原真实世界，在Photoshop CC中，提供了大量专业的色彩调整工具，使用这些工具可以调整色彩的色相、饱和度和明度等属性。本章将介绍这些工具的使用方法。

学习目标

- 充分理解图像的颜色模式与转换
- 熟练掌握图像调整辅助知识
- 熟练掌握图像的自动化调整方法
- 熟练掌握图像的明暗调整方法
- 熟练掌握图像的色彩调整方法
- 熟练掌握图像的特殊色彩调整

9.1 图像的颜色模式与转换

根据图像用途，可以转换色彩模式，以得到最佳的调整效果。在【图像】菜单中的【调整】子菜单中，选择色彩模式进行转换。

9.1.1 RGB颜色模式

RGB是一种加色混合模式，如图9-1所示。R代表红色，G代表绿色，B代表蓝色，它是所有显示屏、投影设备及其他传递或过滤光线的设备所依赖的颜色模式。

就编辑图像而言，RGB是屏幕显示的最佳模式，计算机显示器、扫描仪、数码相机、电视、幻灯片等都采用这种模式。

图9-1　RGB颜色模式

9.1.2 CMYK颜色模式

CMYK是一种减色混合模式，如图9-2所示。它是指本身不能发光，但能吸收一部分，并将余下的光反射出去使色料混合，印刷用的油墨、染料、绘画颜色等都属于减色混合。

CMYK代表印刷图像时所用的印刷四色，分别是青色、洋红色、黄色、黑色，是打印机唯一认可的彩色模式。

图9-2　CMYK颜色模式

9.1.3 Lab颜色模式

Lab颜色模式是Photoshop CC进行颜色模式转换时使用的中间模式，当我们将RGB图像转换为CMYK模式时，Photoshop CC会先将其转换为Lab模式，再由Lab转换为CMYK模式。Lab的色域最广，是唯一不依赖于设备的颜色模式。

Lab颜色模式由3个通道组成，一个通道是亮度即L，另外两个是色彩通道，用a和b来表示。a通道包括的颜色是从深绿色到灰色再到红色；b通道则是从亮蓝色到灰色再到黄色。因此，这些色彩混合后将产生明亮的色彩。

9.1.4　位图模式

位图模式只有纯黑和纯白两种颜色，没有中间层次，适合制作艺术样式或用于创作单色图形。

彩色图像转换为该模式后，色相和饱和度信息都会被删除，只保留亮度信息。只有灰度模式和通道图才能直接转换为位图模式。

9.1.5　灰图模式

灰度模式的图像不包含颜色，彩色图像转换为该模式后，色彩信息都会被删除。

灰度图像中的每个像素都有一个0~255之间的亮度值，0代表黑色，255代表白色，其他值代表了黑、白中间过渡的灰色。在8位图像中，最多有256级灰度，在16和32位图像中，图像中的级数比8位图像要大得多。

9.1.6　双色调颜色模式

双色调采用一组曲线来设置各种颜色的油墨，可以得到比单一通道更多的色调层次，在打印中表现更多的细节。如果希望将彩色图像模式转换为双色调模式，则必须先将图像转换为灰度模式，再转换为双色调模式。

9.1.7　索引颜色模式

该模式使用最多256种颜色或更少的颜色替代全彩图像中上百万种颜色。当转换为索引颜色时，Photoshop CC将构建一个颜色查找表，用以存放并索引图像中的颜色。如果原图像中的某种颜色没有出现在该表中，则程序将选取现有颜色中最接近的一种，或使用现有颜色模拟该颜色。

通过限制【颜色】面板，索引颜色可以在保持图像视觉品质的同时减少文件大小。在这种模式下只能进行有限的编辑。若要进一步编辑，应临时转换为RGB模式。

▓ 课堂范例——制作双色调模式图像

步骤01　打开网盘中"素材文件\第9章\柠檬.jpg"文件，如图9-3所示。执行【图像】→【模式】→【灰度】命令，弹出【信息】对话框，单击【扔掉】按钮，如图9-4所示。

图9-3　原图

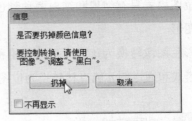

图9-4　【信息】面板

步骤02　通过前面的操作，将图像转换为灰度图像，如图9-5所示。执行【图像】→【模式】→【双色调】命令，弹出【双色调选项】对话框，设置【类型】为"双色调"，单击【油墨2】右侧的颜色块，如图9-6所示。

图9-5　灰度图像

图9-6　【双色调选项】对话框

步骤03　弹出【拾色器（墨水2颜色）】对话框，设置颜色为"棕色#fbba0a"，单击【确定】按钮，如图9-7所示。返回【双色调选项】对话框中，设置【油墨2】名称为"棕色"，单击【确定】按钮，如图9-8所示。

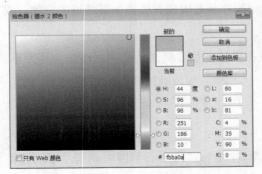

图9-7　【拾色器（墨水2颜色）】对话框

图9-8　【双色调选项】对话框

步骤04　通过前面的操作，将图像转换为双色调颜色模式，图像效果如图9-9所示。在【通道】面板中，可以看到一个【双色调】通道，如图9-10所示。

图9-9 双色调图像效果

图9-10 【通道】面板

 图像调整辅助知识

在进行色彩调整之前，了解一些色彩处理的辅助知识是非常必要的，包括颜色取样器、信息面板、直方图等。

9.2.1 颜色取样器

【颜色取样器工具】和【信息】面板是密不可分的。使用【颜色取样器工具】可以吸取像素点的颜色值，并在【信息】面板中列出颜色值，具体操作方法如下。

步骤01 打开网盘中"素材文件\第9章\招财猫.jpg"文件，选择【颜色取样器工具】，在图像中依次单击创建取样点，如图9-11所示。

步骤02 执行【窗口】→【信息】命令，在打开的【信息】面板中，分别列出取样点的颜色值，如图9-12所示。

图9-11 创建取样点

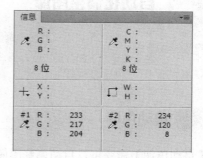

图9-12 【信息】面板

按住【Alt】键单击颜色取样点，可将其删除；如果要在调整对话框处于打开的状态下删除颜色取样点，可按住【Alt+Shift】组合键单击取样点；如果要删除所有颜色取样点，可单击工具选项栏中的【清除】按钮。

9.2.2 直方图

直方图是一种统计图，展现了像素在图像中的分布情况。通过观察直方图，可以判断出照片阴影、中间调和高光中包含的细节是否足够，以便做出正确的调整。【直方图】面板如图9-13所示。

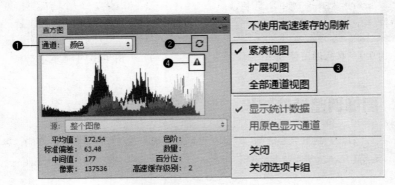

图9-13 【直方图】面板

❶ 通道	下拉列表中选择一个通道（包括颜色通道、Alpha通道和专色通道）以后，面板中会显示该通道的直方图；选择【明度】，则可以显示复合通道的亮度或强度值；选择【颜色】，可显示颜色中单个颜色通道的复合直方图
❷ 不使用高速缓存刷新	单击该按钮可以刷新直方图，显示当前状态下最新的统计结果
❸ 面板的显示方式	【直方图】面板菜单中包含切换面板显示方式的命令
❹ 高速缓存数据警告	如果直方图显示速度较快，导致不能及时显示统计结果，面板中就会出现 ⚠ 图标

9.3 自动化调整图像

自动化是傻瓜式的图像调整方式。包括【自动色调】【自动对比度】和【自动颜色】命令，下面分别进行介绍。

9.3.1 自动色调

【自动色调】命令可以自动调整图像中的黑场和白场，将每个颜色通道中最亮和最暗的像素映射到纯白和纯黑，中间像素值按比例重新分布，从而增强图像的对比度。执行【图像】→【自动色调】命令，Photoshop CC 会自动调整图像。

9.3.2 自动对比度

【自动对比度】命令可以调整图像的对比度，使高光区域显得更亮，阴影区域显得更暗，增加图像之间的对比，适用于色调较灰、明暗对比不强的图像。执行【图像】→【自动对比度】命令，即可对选择的图像自动调整对比度。

9.3.3 自动颜色

【自动颜色】命令可还原图像中各部分的真实颜色，使其不受环境色的影响。执行【图像】→【自动颜色】命令，即可自动调整图像的颜色。

9.4 图像明暗调整

在Photoshop CC中，调整图像明暗的命令包括【亮度/对比度】【色阶】【曲线】【曝光度】【阴影/高光】等命令。

9.4.1 亮度/对比度

【亮度/对比度】命令可以一次性地调整图像中所有像素的亮度和对比度，该命令操作简单，效果明显单一。

9.4.2 色阶

【色阶】是Photoshop CC最为重要的调整工具之一，它可以调整图像的阴影、中间调和高光的强度级别，校正色调范围和色彩平衡。简单来说【色阶】不仅可以调整色调，还可以调整色彩。在【色阶】对话框中，各选项含义如图9-14所示。

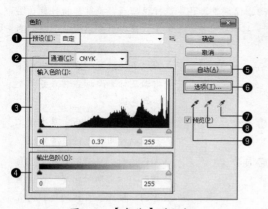

图9-14 【色阶】对话框

温馨提示

按【Ctrl+L】组合键快速打开【色阶】对话框。

按【Ctrl+M】组合键可以快速打开【曲线】对话框。

❶预设	使用预设参数进行调整
❷通道	选择一个通道进行调整

③输入色阶	调整图像阴影、中间调和高光区域
④输出色阶	可以限制图像的亮度范围，从而降低对比度，使图像呈现褪色效果
⑤自动	应用自动颜色校正，Photoshop CC会以0.5%的比例自动调整图像色阶
⑥选项	单击该选项，可以打开【自动颜色校正选项】对话框，在对话框中可以设置黑色像素和白色像素的比例
⑦设置白场	使用该工具在图像中单击，可以将单击点的像素调整为白色，原图中比该点亮度值高的像素也都会变为白色
⑧设置灰点	使用该工具在图像中单击，可根据单击点像素的亮度来调整其他中间色调的平均亮度。通常使用它来校正色偏
⑨设置黑场	使用该工具在图像中单击，可以将单击点的像素调整为黑色，原图中比该点暗的像素也变为黑色

9.4.3 曲线

【曲线】命令可以调整图像整体色调，还可以对图像中的个别颜色通道进行精确的调整，在【曲线】对话框中，各选项含义如图9-15所示。

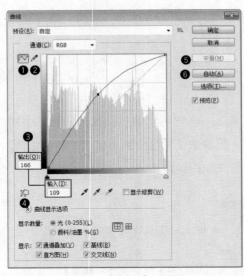

图9-15 【曲线】对话框

　　如果图像为RGB模式，曲线向上弯曲时，可以将色调调亮；曲线向下弯曲时，可以将色调调暗，曲线为S形时，可以加大图像的对比度。

①通过添加点来调整曲线	该按钮为按下状态，此时在曲线中单击可添加新的控制点，拖动控制点改变曲线形状，即可调整图像
②使用铅笔绘制曲线	按下该按钮后，可绘制手绘效果的自由曲线
③输入输出	【输入】选项显示了调整前的像素值，【输出】选项显示了调整后的像素值
④图像调整工具	选择该项后，将鼠标指针放在图像上，曲线上会出现一个圆形图形，它代表了鼠标指针处的色调在曲线上的位置，在画面中单击并拖动鼠标可添加控制点并调整相应的色调
⑤平滑	使用铅笔绘制曲线后，单击该工具，可以对曲线进行平滑处理
⑥自动	单击该按钮，可对图像应用"自动颜色"、"自动对比度"或"自动色调"校正。具体的校正内容取决于【自动颜色校正选项】对话框中的设置

9.4.4 曝光度

照片在拍摄过程中，会因为曝光过度导致图像偏白，或者因为曝光不够导致图像偏暗，这时可通过【曝光度】命令来调整图像的曝光度，使图像中的曝光度达到正常。

9.4.5 使用【阴影/高光】命令调亮树叶

【阴影/高光】命令可以分别调整图像的阴影和高光部分。具体操作方法如下。

步骤01 打开网盘中"素材文件\第9章\樱花.jpg"文件，如图9-16所示。执行【图像】→【调整】→【阴影/高光】命令，在【阴影】栏中，设置【数量】为"100%"，单击【确定】按钮，如图9-17所示。

图9-16 原图

图9-17 【阴影/高光】对话框

步骤02 通过前面的操作，调亮阴影，如图9-18所示。执行【图像】→【调整】→【自动色调】命令，效果如图9-19所示。

图9-18 调亮阴影

图9-19 自动色调效果

📚 课堂范例——打造暗角光影效果

步骤01 打开网盘中"素材文件\第9章\暗角.jpg"文件，如图9-20所示。执行【图像】→【调整】→【曲线】命令，向上方拖动曲线，如图9-21所示。

图 9-20　原图

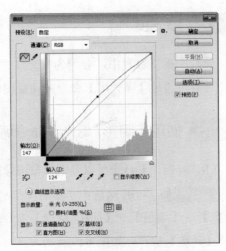

图 9-21　【曲线】对话框

步骤02　通过前面的操作，调整图像的亮度，效果如图9-22所示。选择【椭圆选框工具】🔲，拖动鼠标创建椭圆选区，按【Shift+F6】组合键，执行【羽化选区】命令，设置【羽化半径】为"100像素"，单击【确定】按钮，如图9-23所示。

图 9-22　调整阴影

图 9-23　创建并羽化选区

步骤03　按【Shift+Ctrl+I】组合键，反向选区，如图9-24所示。按【Ctrl+J】组合键，复制图层，生成【图层1】，如图9-25所示。

图 9-24　反向选区

图 9-25　【图层】面板

步骤04 执行【图像】→【调整】→【色阶】命令，执行【色阶】命令，设置【输入色阶】值为"0, 0.13, 255"，【输出色阶】值为"0, 55"，如图9-26所示。通过前面的操作，得到图像效果如图9-27所示。

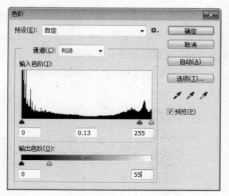

图9-26 【色阶】对话框

图9-27 调整色阶效果

图像色彩调整

色彩是图像处理的重点，Photoshop CC提供了多种色彩和色调调整工具。包括【自然饱和度】【色相/饱和度】【色彩平衡】等命令。

9.5.1 色相/饱和度

【色相/饱和度】命令不但可以调整图像整体颜色，还可以单独调整图中一种颜色成分的色相、饱和度和明度。在【色相/饱和度】对话框中，各选项含义如图9-28所示。

图9-28 【色相/饱和度】对话框

> **温馨提示**
>
> 可以直接按键盘上的【Ctrl+U】组合键快速打开【色相/饱和度】对话框。
>
> 【色相/饱和度】对话框底部有两个颜色条，上面的颜色条代表了调整前的颜色，下面代表了调整后的颜色。
>
> 如果在【编辑】选项中选择一种颜色，两个颜色条之间会出现三角形小滑块，滑块外的颜色不会被调整。

❶编辑	在下拉列表框中可选择要改变的颜色，红色、蓝色、绿色、黄色或全图
❷色相	色相是各类颜色的相貌称谓，用于改变图像的颜色。可通过数值框中输入数值或拖动滑块来调整

③ 饱和度	饱和度是指色彩的鲜艳程度，也称为色彩的纯度
④ 明度	明度是指图像的明暗程度，数值设置越大图像越亮，反之，数值越小图像越暗
⑤ 图像调整工具	选择该工具后，将鼠标指针移动至需调整的颜色区域上，单击并拖动鼠标可修改单击颜色点的饱和度，向左拖动鼠标可以降低饱和度；向右拖动则增加饱和度
⑥ 着色	勾选该项后，如果前景色是黑色或白色，图像会转换为红色；如果前景色不是黑色或白色，则图像会转换为当前前景色的色相；变为单色图像以后，可以拖动【色相】滑块修改颜色，或者拖动下面的两个滑块调整饱和度和明度

9.5.2　自然饱和度

　　【自然饱和度】是用于调整颜色饱和度的命令，它的特别之处是可以在增加饱和度的同时防止颜色过于饱和而出现溢色。

9.5.3　色彩平衡

　　【色彩平衡】命令将图像分为高光、中间调和阴影三种色调，可以调整其中一种、两种甚至全部色调的颜色，在【色彩平衡】对话框中，各选项含义如图9-29所示。

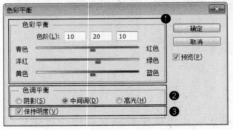

① 色彩平衡	往图像中增加一种颜色，同时减少另一侧的补色
② 色调平衡	选择一个色调来进行调整
③ 保持明度	防止图像亮度随颜色的更改而改变

图9-29　【色彩平衡】对话框

9.5.4　【去色】和【黑白】命令

　　【去色】命令可快速将彩色图像转换为灰度图像，在转换过程中图像的颜色模式将保持不变。【黑白】命令是专门用于制作黑白照片和黑白图像的工具，它可以对各颜色的色调深浅进行控制。

温馨提示

　　按【Shift+Ctrl+U】组合键，可快速将彩色照片去色。

9.5.5　照片滤镜

　　【照片滤镜】命令可以模拟彩色滤镜，调整通过镜头传输的光的色彩平衡和色温，为图像表面添加一种颜色过滤效果。

9.5.6　通道混合器

【通道混合器】可以将所选的通道与我们想要调整的颜色通道混合，从而修改该颜色通道中的光线量，影响其颜色含量，从而改变色彩。

> **温馨提示**
>
> 如果合并的通道值高于100%，则会在总计旁边显示一个警告 ⚠。并且，该值超过100%，有可能会损失阴影和高光细节。

9.5.7　使用【替换颜色】命令更改唇彩颜色

【替换颜色】命令用于替换图像中某个颜色，其具体操作方法如下。

步骤01　打开网盘中"素材文件\第9章\红唇.jpg"文件，如图9-30所示。执行【图像】→【调整】→【替换颜色】命令，弹出【替换颜色】对话框，单击人物嘴唇区域，设置【颜色容差】为134，如图9-31所示。

图9-30　原图

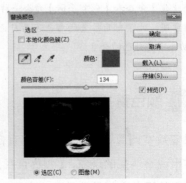

图9-31　【替换颜色】对话框上部分

步骤02　在【替换颜色】对话框下方的【替换】栏中，设置【色相】为"-58"，【饱和度】为"78"，如图9-32所示。通过前面的操作，更改人物唇色，效果如图9-33所示。

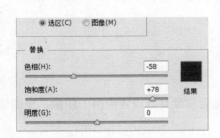

图9-32　【替换颜色】对话框下部分

图9-33　效果

9.5.8 可选颜色

【可选颜色】命令用于增加或减少青色、洋红、黄色和黑色油墨的百分比，使用该命令可以有选择地修改主要颜色中印刷色的含量，但不会影响其他主要颜色。

9.5.9 渐变映射

【渐变映射】命令的主要功能是将图像灰度范围投影到渐变填充色。如指定双色渐变作为映射渐变，则图像中暗调像素将映射到渐变填充的一个端点颜色，高光像素将映射到另一个端点颜色，中间调映射到两个端点之间的过渡颜色，

9.5.10 变化

【变化】命令是一个简单直观的图像调整工具，在调整图像的颜色平衡、对比度以及饱和度的同时，能看到图像调整前和调整后的缩览图，使调整更为简单明了。

> **温馨提示**
>
> 【变化】命令和【色彩平衡】命令一样，都是基于色轮来进行颜色的调整。【变化】对话框中的7个缩览图，处于对角位置的颜色互为补色，当我们单击一个缩览图，增加一种颜色的含量时，就会自动减少其补色的含量。

9.5.11 颜色查找

很多数字图像输入输出设备都有自己特定的色彩空间，这会导致色彩在这些设备间传递时出现不匹配的现象，【颜色查找】命令不仅可以制作特殊色调的图像，还可以让颜色在不同的设备之间精确地传递和再现。

> **技能拓展**
>
> 读者可载入不同的3DLUT文件和摘要配置文件，尝试不同的色彩风格，用深蓝与深红色，绿色与红色，青绿与棕褐色等营造出清新、浪漫或是怀旧的气氛。

9.5.12 HDR色调

【HDR 色调】命令可以将全范围的HDR对比度和曝光度设置应用于图像，使图像色彩更加真实和炫丽。

9.5.13 使用【匹配颜色】命令统一色调

【匹配颜色】命令可以匹配不同图像之间、多个图层之间以及多个颜色选区之间的颜色，还可以通过改变亮度和色彩范围来调整图像中的颜色，其具体操作方法如下。

步骤01 打开网盘中"素材文件\第9章\少女.jpg"文件，如图9-34所示。打开网盘中"素材文件\第9章\秋千.jpg"文件，如图9-35所示。

图9-34 少女图像 　　　　　　　　　图9-35 秋千图像

步骤02 执行【图像】→【调整】→【匹配颜色】命令，设置【源】为"少女.jpg"，【明亮度】为"100"，【图层】为"背景"，单击【确定】按钮，如图9-36所示。"秋千"的色彩成分被"少女"图像影响，效果如图9-37所示。

图9-36 【匹配颜色】对话框 　　　　　　图9-37 匹配颜色效果

📖 课堂范例——调整偏色图像

步骤01 打开网盘中"素材文件\第9章\两个小孩.jpg"文件，如图9-38所示。选择【颜色取样器工具】✎，在人物黑色头发位置单击两次，创建颜色取样点，如图9-39所示。

步骤02 执行【窗口】→【信息】命令，打开【信息】面板。从取样点的颜色值分析照片的G（绿）值偏高，照片存在偏绿问题，如图9-40所示。

图 9-38　原图　　　　　　　　　　图 9-39　创建取样点

步骤03　执行【图像】→【调整】→【色彩平衡】命令，打开【色彩平衡】对话框，设置【色调平衡】为"阴影"，【色阶】值为"0，-35，0"，如图9-41所示。

图 9-40　【信息】面板　　　　　　　图 9-41　【色彩平衡】对话框

步骤04　在【色彩平衡】对话框，设置【色调平衡】为"中间调"，【色阶】值为"0，-33，0"，如图9-42所示。

步骤05　在【色彩平衡】对话框，设置【色调平衡】为"高光"，【色阶】值为"10，-20，0"，如图9-43所示。

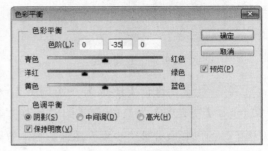

图 9-42　【色彩平衡】对话框　　　　图 9-43　【色彩平衡】对话框

步骤06　在【信息】对话框中，观察颜色校正情况，R、G、B三值差别不大，如图9-44所示。通过前面的操作，校正照片偏绿的问题，效果如图9-45所示。

步骤07　执行【图像】→【调整】→【自然饱和度】命令，设置【自然饱和度】为"20"，【饱和度】为"10"，单击【确定】按钮，如图9-46所示。通过前面的操作，

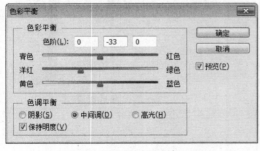
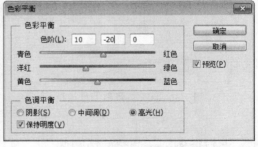

使图像更加鲜艳，效果如图9-47所示。

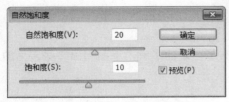

图9-44　【信息】面板

图9-45　校正偏色效果

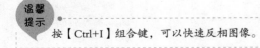

图9-46　【自然饱和度】对话框

图9-47　最终效果

9.6　特殊色调调整

特殊色调调整是对图像色彩进行的特殊调整，例如，反相、色调均化、色调分离等，下面分别进行讲述。

9.6.1　反相

【反相】命令用于制作照片底片的效果，如果是灰度图像，就将黑白互换。如果是彩色图像，就把每一种颜色都反转成该颜色的互补色。

> **温馨提示**
> 按【Ctrl+I】组合键，可以快速反相图像。

9.6.2　阈值

【阈值】命令可以将图像转换为黑白图像。指定某个色阶作为阈值，比阈值色阶亮的像素转换为白色，反之转换为黑色，适合制作单色照片或类似于手绘效果的线稿。

9.6.3 色调分离

【色调分离】命令可以按照指定的色阶数减少图像的颜色（或灰度图像中的色调），从而简化图像内容。该命令适合创建大的单调区域，或者在彩色图像中产生有趣的效果。

9.6.4 色调均化

【色调均化】命令可以重新分布像素的亮度值，将最亮的值调整为白色，最暗的值调整为黑色，中间的值分布在整个灰度范围中，使它们更均匀地呈现所有范围的亮度级别"0~255"。

课堂问答

通过本章的讲解，大家对图像的色彩调整有了一定的了解，下面列出一些常见的问题供学习参考。

问题❶：调整对比度时如何避免偏色？

答：使用【曲线】和【色阶】命令增加图像的对比度时，通常还会同时增加图像的饱和度，这样，就可能会引起图像偏色。避免偏色的具体操作方法如下。

步骤01 打开网盘中"素材文件\第9章\建筑.jpg"文件，如图9-48所示。在【调整】面板中，单击【创建新的曲线调整图层】按钮 ，如图9-49所示。在【属性】面板中，拖动曲线调整图像的对比度，如图9-50所示。

图9-48 原图

图9-49 【调整】面板

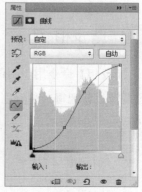
图9-50 【属性】面板

步骤02 通过前面的操作，调整图像的对比度，如图9-51所示。更改【曲线1】的图层混合模式为"明度"，如图9-52所示。轻微的偏色问题得到纠正，如图9-53所示。

图9-51　曲线调整效果

图9-52　【图层】面板

图9-53　最终效果

问题 ❷：如何从直方图分析图像的影调和曝光情况？

答：直方图左侧代表了图像的阴影区域，中间代表了中间调，右侧代表了高光区域，从阴影（黑色，色阶0）到高光（白色，色阶255）共有256级色调。直方图中的"山脉"代表了图像的数据，较高的"山峰"表示所在区域包含的像素较多，较低的"山峰"表示所在区域包含的像素较少。

曝光准确的图像色调均匀，明暗层次丰富，亮部不会丢失细节，暗部不会漆黑一片，如图9-54所示。从直方图分析可以看出来，山峰基本在中心，并且从左（色阶0）到右（色阶255）每个色阶都有像素分布，如图9-55所示。

图9-54　原图

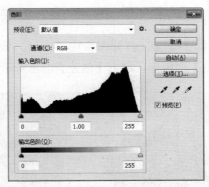

图9-55　【色阶】命令中的直方图

问题 ❸：如果对效果不满意，如何恢复对话框的默认参数值？

答：在【颜色调整命令】对话框中，按住【Alt】键，对话框中的【取消】按钮会变为【复位】按钮，单击此按钮，即可恢复对话框的默认参数值。适用于所有具有【取消】按钮的Photoshop CC对话框。

📷 上机实战——调出图像的温馨色调

通过本章的学习，为了让读者能巩固本章知识点，下面讲解一个技能综合案例，使大家对本章的知识有更深入的了解。

效果展示

素材

效果

思路分析

影楼后期的调色种类很多，包括各种色彩、效果，它有固定模式。我们在调色实践中，还可以根据照片的实际情况，进行一些另类的色调调整。下面讲解具体操作方法。

本例首先使用【色彩平衡】命令调整图像的整体色彩，然后使用【可选颜色】命令调整图像的的特定色相，最后应用蒙版和图层混合，得到最终效果。

制作步骤

步骤01 打开网盘中"素材文件\第9章\两棵树.jpg"文件，如图9-56所示。在【调整】面板中，单击【创建新的色彩平衡调整图层】，如图9-57所示。

图9-56 原图

图9-57 【调整】面板

步骤02 在【属性】面板中，设置【色调】为"阴影"，设置参数值"14，0，0"，如图9-58所示。

步骤03 在【属性】面板中，设置【色调】为"中间调"，设置参数值"-13，1，19"，如图9-59所示。

步骤04 在【属性】面板中，设置【色调】为"高光"，设置参数值"51，0，47"，如图9-60所示。

图9-58 【属性】面板

图9-59 【属性】面板

图9-60 【属性】面板

步骤05 通过前面的操作，得到图像的色彩效果，如图9-61所示。在【调整】面板中，单击【创建新的可选颜色调整图层】按钮■，如图9-62所示。

图9-61 【色彩平衡】调整效果

图9-62 【调整】面板

步骤06 在【属性】面板中，设置【颜色】为"蓝色"，设置颜色值"56%，−24%，1%，−46%"；设置【颜色】为"洋红"，设置颜色值"−82%，59%，0%，73%"；设置【颜色】为"黑色"，设置颜色值"0%，0%，0%，−100%"，如图9-63所示。

图9-63 设置【可选颜色】选项

步骤07 创建【色阶】调整图层，选择【红】通道，设置输入色阶值"0，0.35，255"；选择【绿】通道，设置输入色阶值"0，1.46，255"；选择【蓝】通道，设置输入色阶值"0，0.17，255"，如图9-64所示。

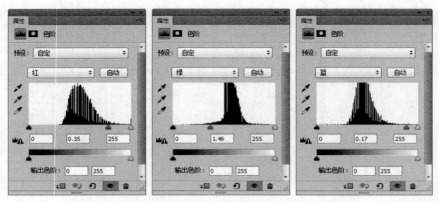

图 9-64　设置色阶值

步骤08　通过前面的操作，得到色彩调整效果，如图9-65所示。使用黑色【画笔工具】 在上方涂抹修改色阶蒙版，如图9-66所示。

图 9-65　调整图像色彩效果

图 9-66　创建并修改图层蒙版

步骤09　按【Ctrl+J】组合键复制背景图层，移动到最上方，更改图层混合模式为"点光"，如图9-67所示。最终效果如图9-68所示。

图 9-67　更改图层混合模式

图 9-68　最终效果

同步训练——调出照片的阿宝色调

通过上机实战案例的学习，为了增强读者的动手能力，下面安排一个同步训练案例，让读者达到举一反三、触类旁通的学习效果。

图解流程

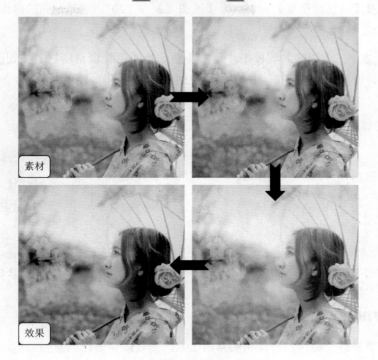

素材

效果

思路分析

阿宝色调整体感觉偏于一种色相，如脸部粉红带黄，背景带蓝绿色调，整体照片色调清新透亮，下面讲解具体操作方法。

本例首先在【通道】面板中调整色彩，然后使用【自然饱和度】命令加强图像的饱和度，最后使用【色阶】命令调整对比度，完成效果制作。

关键步骤

步骤01　打开网盘中"素材文件\第9章\撑伞.jpg"文件。在【通道】面板中，单击【绿】通道，按【Ctrl+C】快捷键复制图像，单击【蓝】通道，按【Ctrl+V】组合键粘贴图像，如图9-69所示。

步骤02　在【通道】面板中，单击【RGB】通道，图像效果如图9-70所示。

图9-69　【通道】面板

图9-70　单击【RGB】通道图像效果

步骤03 在【调整】面板中，单击【创建新的自然饱和度】按钮▽，在【属性】面板中，设置【自然饱和度】为"47"，【饱和度】为"20"，通过前面的操作，图像色调如图9-71所示。

步骤04 在【调整】面板中，单击【创建新的色阶调整图层】按钮，在【属性】面板中，设置输入色阶值"104，1.4，255"，调整效果如图9-72所示。

图9-71　增加饱和度效果

图9-72　调整对比度效果

知识能力测试

本章主要讲解了图像色彩调整的常用工具，为对知识进行巩固和考核，布置相应的练习题。

一、填空题

1．自动化是傻瓜式的图像调整方式。包括_____、_____和_____命令。

2．【色彩平衡】命令将图像分为_____、_____和_____三种色调，可以调整其中一种、两种甚至全部色调的颜色。

3．在Photoshop CC中，有两个色彩调整命令可以将彩色图像调整为灰度图像，但并不改变图像的色彩模式，包括_____和_____命令。

二、选择题

1．【通道混合器】可以将所选的通道与我们想要调整的颜色通道混合，从而修改该颜色通道中的光线量，影响其颜色含量，从而改变色彩。如果合并的通道值高于（　　），就会在总计旁边显示一个警告⚠。并且，该值超过100%，有可能会损失阴影和高光细节。

　　A．80%　　　　　　B．100%　　　　　　C．150%　　　　　　D．200%

2．（　　）用于增加或减少青色、洋红、黄色和黑色油墨的百分比，使用该命令可以有选择地修改主要颜色中印刷色的含量，但不会影响其他主要颜色。

　　A．【可选颜色】命令　　　　　　　　B．【色彩平衡】命令

　　C．【替换颜色】命令　　　　　　　　D．【色调均化】命令

3.【反相】命令用于制作照片底片的效果，如果是灰度图像，就将黑白互换。如果是彩色图像，就把每一种颜色都反转成该颜色的（　　）。

    A．同色相色　　　　B．同明度色　　　　C．近似色　　　　D．互补色

三、简答题

1. 请简单回答【去色】和【黑白】命令的主要区别在哪里。

2. 如何从直方图分析图像的影调和曝光情况？

第10章
滤镜的应用方法

滤镜是Photoshop CC中最神奇的功能。结合图层和通道，可以创造出超现实的艺术效果。本章先从滤镜库的滤镜操作进行介绍，并介绍独立滤镜的使用方法，再分别描述多种滤镜的不同效果。

学习目标

- 熟练掌握滤镜库的使用方法
- 熟练掌握独立滤镜的应用
- 了解滤镜命令的应用

熟悉滤镜库

【滤镜库】中可以直观地查看添加滤镜后的图像效果，并且能够设置多个滤镜效果的叠加。下面将进行详细的介绍。

10.1.1 在【滤镜库】中预览滤镜

执行【滤镜】→【滤镜库】命令，或者使用一部分滤镜组中的滤镜时，都可以打开【滤镜库】对话框，对话框左侧是预览区，中间是6组可供选择的滤镜，右侧是参数设置区，如图10-1所示。

图10-1　【滤镜库】对话框

❶预览	在该窗口中可看到打开和设置后数码照片的变化效果
❷缩放区	该选项用于设置当前的预览大小。单击【缩小】按钮〔-〕，则将打开的图像进行等比缩小，单击【放大】按钮〔+〕，则将打开的图像进行等比放大；单击【图像缩放比】下拉按钮，在打开的下拉列表中可选择需要的图像缩放百分比
❸显示/隐藏滤镜缩览图	单击〔A〕图标，可隐藏滤镜组，将窗口空间留给图像预览区。再次单击则显示滤镜组
❹当前使用的滤镜	显示当前使用的滤镜
❺所选滤镜选项	该选项用于设置选中滤镜的各项参数
❻显示/隐藏滤镜图层、新建效果图层和删除效果图层	单击【显示/隐藏滤镜图层】图标，可显示或隐藏设置的滤镜效果；单击【新建效果图层】按钮，则可添加滤镜，该选项主要用于在图像上应用多个滤镜；单击【删除效果图层】按钮，则将当前选中的效果图层删除

10.1.2 创建效果图层并应用滤镜

滤镜库是一种直观的滤镜设置方式，具体操作方法如下。

步骤01 打开网盘中"素材文件\第10章\舞女.jpg"文件，在【滤镜库】中单击一个滤镜缩览图后（例如：单击【海报边缘】缩览图），该滤镜就会出现在对话框右下角已应用的滤镜列表中，如图10-2所示。

步骤02 单击【新建效果图层】按钮，可以添加一个效果图层，如图10-3所示。

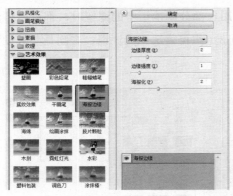

图 10-2 应用【滤镜】库命令

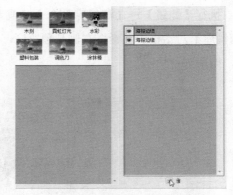

图 10-3 创建效果图层

步骤03 添加效果图层后，可以单击要应用的另一个滤镜缩览图（例如：木刻缩览图），如图10-4所示。滤镜效果图层与图层的编辑方法相同，上下拖动效果图层可以调整它们的顺序，滤镜效果也会发生改变，如图10-5所示。

图 10-4 应用【滤镜库】命令

图 10-5　调整效果图层顺序

10.1.3　滤镜库中的滤镜命令

【滤镜库】对话框中，包括【风格化】中的【照亮边缘】命令，【画笔描边】【扭曲】中的部分命令，【素描】【纹理】和【艺术效果】滤镜组中的命令，下面分别进行介绍。

1．照亮边缘

【风格化】滤镜组中的【照亮边缘】滤镜被集成在【滤镜组】中，它可以搜索图像中颜色变化较大的区域，标识颜色的边缘，并向其添加类似于霓虹灯的光亮。原图效果如图 10-6 所示。【照亮边缘】滤镜效果如图 10-7 所示。

图 10-6　原图

图 10-7　照亮边缘

2．画笔描边

成角的线条：通过描边重新绘制图像，用相反的方向来绘制亮部和暗部区域。原图如图 10-8 所示。成角的线条效果如图 10-9 所示。

图10-8　原图

图10-9　成角的线条

- 墨水轮廓：模拟钢笔画的风格，使用纤细的线条在原细节上重绘图像，如图10-10所示。
- 喷溅：通过模拟喷枪，使图像产生笔墨喷溅的艺术效果，如图10-11所示。

图10-10　墨水轮廓

图10-11　喷溅

- 喷色描边：可以使用图像的主导色用成角的、喷溅的颜色线条重新绘画图像，产生斜纹飞溅的效果。
- 强化的边缘：可以强调图像边缘。设置高的边缘亮度值时，强化效果类似于白色粉笔；设置低的边缘亮度值时，强化效果类似于黑色油墨。
- 深色线条：可以使图像产生一种很强烈的黑色阴影，利用图像的阴影设置不同的画笔长度，阴影用短线条表示，高光用长线条表示。
- 烟灰墨：可以使图像产生一种类似于毛笔在宣纸上绘画的效果。这些效果具有非常黑的柔化模糊边缘。
- 阴影线：可以保留原图像的细节和特征，同时使用模拟的铅笔阴影线添加纹理，使图像中色彩区域的边缘变粗糙。

3．扭曲

【素描】滤镜组中包含了14种滤镜，它们可以将纹理添加到图像中，常用于模拟素描和速写等艺术效果或手绘外观。其中，大部分滤镜在重绘图像时都要使用前景色和背景色，因此，设置不同的前景色和背景色，可以得到不同的效果。

- 半调图像：可以在保持连续色调范围的同时，模拟半调网屏效果。原图如图10-12所示。半调图像如10-13所示。
- 便条纸：可将图像简化，制作出有浮雕凹陷和纸颗粒感纹理的效果，如图10-14所示。

图 10-12 原图

图 10-13 半调图像

图 10-14 便条纸

- 粉笔和炭笔：可以重绘高光和中间调，并使用粗糙的粉笔绘制中间调的灰色背景。阴影区域用黑色对角炭笔线条替换，炭笔用前景色绘制，粉笔用背景色绘制。

- 铬黄：可以渲染图像，创建如擦亮的铬黄表面般的金属效果，高光在反射表面上是高点，阴影则是低点。

- 绘画笔：使用精细的油墨线条来捕捉图像中的细节，可以模拟铅笔素描的效果。

- 基底凸现：可以变换图像，使之呈现浮雕的雕刻状和突出光照下变化各异的表面，图像的暗区将呈现前景色，而浅色使用背景色。

- 石膏效果：可以按3D效果塑造图像，然后使用前景色与背景色为结果图像着色，图像中的暗区凸起，亮区凹陷。

- 水彩画纸：是素描滤镜组中唯一能够保留图像颜色的滤镜，它可以用有污点的、像画在潮湿的纤维纸上的涂抹，使颜色流动并混合，如图10-15所示。

- 撕边：可以用粗糙的颜色边缘模拟碎纸片的效果，使用前景色与背景色为图像着色。

- 炭笔：可以产生色调分离的涂抹效果。图像的主要边缘以粗线条绘制，而中间色调用对角描边进行素描，炭笔是前景色，背景是纸张颜色。

- 炭精笔：可以在图像上模拟浓黑和纯白的炭精笔纹理，暗区使用前景色，亮区使用背景色。

- 图章：简化图像，使之呈现出用橡皮或木制图章盖印的效果，如图10-16所示。

- 网状：可以模拟胶片乳胶的可控收缩和扭曲来创建图像，使之在阴影处结块，在高光处呈现轻微的颗粒化。

- 影印：可以模拟影印效果，大的暗区趋向于只复制边缘四周，而中间色调要么纯黑色，要么纯白色，如图10-17所示。

图 10-15 水彩画纸

图 10-16 炭精笔

图 10-17 影印

4．艺术效果

【艺术效果】滤镜组中包含了15种滤镜，它们可以为图像添加具有艺术特色的绘制效果，可以使普通的图像具有绘画或艺术风格的效果。

- 壁画：是用小块的颜色以短且圆粗略涂抹的笔触重新绘制一种粗糙风格的图像。
- 彩色铅笔：可以模拟各种颜色的铅笔在图像上的绘制效果，绘制的图像中较明显的边缘将被保留。
- 粗糙蜡笔：可以在布满纹理的图像背景上应用彩色画笔描边，如图10-18所示。
- 底纹效果：可以在带有纹理效果的图像上绘制图像，然后将最终图像效果绘制在原图像上。
- 干画笔：可制作用于画笔技术绘制的图像，此滤镜通过将图像的颜色范围减小为普通颜色范围来简化图像，如图10-19所示。

图10-18　粗糙蜡笔

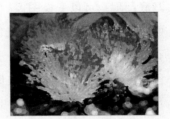
图10-19　干画笔

- 海报边缘：可以减少图像中的颜色数量，查找图像的边缘并在边缘上绘制黑的线条。
- 海绵：使用颜色对比强烈且纹理较重的区域绘制图像。
- 绘制涂抹：可以选取各种类型的画笔来创建绘画效果，使图像产生模糊的艺术效果。
- 胶片颗粒：可以将平滑的图案应用在图像的阴影和中间调区域，将一种更平滑、更高饱和度的图像应用到图像的高光区域。
- 木刻：可以使图像看上去像是由从彩纸上剪下的边缘粗糙的剪纸片组成，高对比的图像看起来呈剪影状。
- 霓虹灯光：可将各种各样的灯光效果添加到图像中的对象上，得到类似于霓虹灯一样的发光效果。
- 水彩：以水彩绘画风格绘制图像，使用蘸了水和颜料的画笔绘画简化的图像细节，使图像颜色饱满。
- 塑料包装：可以给图像涂上一层光亮的塑料，使图像表面质感强烈，如图10-20所示。
- 涂抹棒：使用较短的对角线条涂抹图像中的暗部区

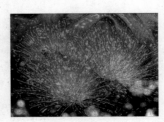
图10-20　塑料包装

域，从而柔化图像，亮部区域会因变亮而丢失细节，使整个图像显示出涂抹扩散的效果。

- 调色刀：可能减少图像中的细节，得到描绘得很淡的画布效果。

 独立滤镜的应用

在Photoshop CC中，独立滤镜有单独的参数设置界面，它们都具有奇特的功效，可以制作出不一样的图像效果。

10.2.1 自适应广角

【自适应广角】滤镜可以轻松拉直弯曲全景图像。执行【滤镜】→【自适应广角】命令，可以打开【自适应广角】对话框，如图10-21所示。

图10-21 【自适应广角】对话框

①工具按钮	【约束工具】 ：单击图像或拖动端点，可以添加或编辑约束线。【多边形约束工具】 ：单击图像或拖动端点，可以添加或编辑多边形约束线。【移动工具】 ：可以移动对话框中的图像。【抓手工具】 ：单击放大窗口的显示比例，可以用该工具移动画面。【缩放工具】 ：单击放大窗口的显示比例
②校正	在该选项的下拉列表中可以选择投影模型，包括"鱼眼""透视""自动"和"完整球面"
③缩放	校正图像后，可通过该选项来缩放图像，以填满空缺
④焦距	用于指定焦距

⑤ 裁剪因子	用于指定裁剪因子
⑥ 原照设置	勾选该项，可以设置照片元数据中的焦距和裁剪因子
⑦ 细节	该选项中会实现显示光标下方图像的细节
⑧ 显示约束	勾选该项，可以显示约束线
⑨ 显示网格	勾选该项，可显示网格

10.2.2 Camera Raw滤镜

RAW格式是无损格式，而且有非常大的后期处理空间。可以理解为，把数码相机内部对原始数据的处理流程搬移到了计算机上，熟练掌握了RAW处理，可以很好地控制照片的影调和色彩，并且得到最高水准的图像质量。

流行的RAW处理软件有很多，其中Adobe Camera Raw就是其中之一，作为通用型RAW处理引擎，它很好地和Photoshop CC结合在一起。

Camera Raw滤镜集成了一些数码照片处理的命令，包括【白平衡】【色调】【曝光】【清晰度】和【自然饱和度】等。执行【滤镜】→【Camera Raw滤镜】命令，可以打开【Camera Raw滤镜】对话框，如图10-22所示。

图10-22 【Camera Raw滤镜】对话框

❶ 白平衡	默认情况下显示相机拍摄此照片时所使用的原始白平衡设置（原照设置）。在下拉列表框中，可以选择【自定】和【手动】设置
❷ 色温	可以将【白平衡】设置为"自定的色温"。如果拍摄照片时光线色温较低，可通过降低【色温】来校正照片，Camera Raw可以使图像颜色变得更蓝以补偿周围光线的低色温（发黄）；反之，提高【色温】可以使图像变得更暖（发黄）以补偿周围光线的高色温（发蓝）

❸色调	通过设置【白平衡】来补偿绿色或洋红色色调。减少【色调】可以在图像中添加绿色，增加【色调】则在图像中添加洋红色。
❹曝光	可以调整图像的整体亮度。减少【曝光】会使图像变暗，增加【曝光】则使图像变亮
❺对比度	调整对比度，主要影响中间色调。增加对比度时，中到暗图像区域会变得更暗，中到亮图像区域会变得更亮。降低对比度时，对于图像色调的影响相反
❻高光	调整图像的明亮区域，向左拖滑块可使亮光变暗并恢复高光细节，向右拖滑块可在最小化修剪的同时使高光变亮
❼阴影	调整图像的黑暗区域，向左拖滑块可在最小化修剪的同时使阴影变暗，向右拖滑块可使阴影变亮并恢复阴影细节
❽白色	指定哪些图像值映射为白色。向右拖滑块可增加变为白色的区域
❾黑色	指定哪些图像值映射为黑色。向左拖滑块可增加变为黑色的区域。它主要影响阴影区域，对中间调和高光影响较小
❿清晰度	通过提高局部对比度来增加图像的清晰度，对中色调的影响最大
⓫自然饱和度	增加所有低饱和度颜色的饱和度，对高饱和度颜色影响较小，因此可以避免出现溢色
⓬饱和度	可以均匀地调整所有颜色的饱和度。调整范围从−100（单色）到+100（饱和度加倍）

10.2.3　镜头校正滤镜

【镜头校正】命令用于调整图像的桶状变形、枕状变形、透视扭曲、色差和晕影等缺陷。执行【滤镜】→【镜头校正】命令，或按【Shift+Ctrl+R】组合键，可以打开【镜头校正】对话框。用户可以选择【自定】或【自动校正】两种校正方法。

> **温馨提示**
> 桶形失真是由镜头引起的成像画面呈桶形膨胀状的失真现象，使用广角镜头或变焦镜头的最广角时，容易出现这种情况；枕形失真与之相反，它会导致画面向中间收缩，使用长焦镜头或变焦镜头的长焦端时，容易出现枕形失真。

1. 自定校正照片

执行【滤镜】→【镜头校正】命令，打开【镜头校正】对话框，包括【自定】和【自动校正】两个选项卡，如图10-23所示。

在【镜头校正】对话框中单击【自定】选项卡，显示手动设置面板，可以手动调整参数，校正照片。在【自定】选项卡中，其各项参数含义如下。

图10-23 【镜头校正】对话框

❶ 几何扭曲	拖动【移去扭曲】滑块可以拉直从图像中心向外弯曲或朝图像中心弯曲的水平和垂直线条，这种变形功能可以校正镜头桶形失真和枕形失真
❷ 色差	色差是由于镜头对不同平面中不同颜色的光进行对焦而产生的，具体表现为背景与前景对象相接的边缘会出现红、蓝或绿色的异常杂边。通过拖动各个滑块，可消除各种色差
❸ 晕影	晕影的特点表现为图像的边缘比图像中心暗。【数量】用于设置运用量的多少。【中点】用于指定受【数量】滑块所影响的区域的宽度，数值高只会影响图像的边缘；数值低，则会影响较多的图像区域
❹ 变换	【变换】选项可以修复图像的倾斜透视现象。【垂直透视】可以使图像中的垂直线平行；【水平透视】可以使水平线平行；【角度】可以旋转图像，针对相机歪斜加以校正；【比例】可以向上或向下调整图像缩放，图像的像素尺寸不会改变

2. 自动校正图像

在【自动校正】选项卡中，Photoshop CC 提供了自动校正图像问题的配置文件。在【相机制造商】和【相机型号】下拉列表中选择相机制造商和相机型号；然后在【镜头型号】下拉列表中可以选择一款镜头；这些选项指定后，Photoshop CC 就会给出与之匹配的镜头配置文件。如果没有出现配置文件，则可单击【联机搜索】按钮，在线查找。

以上内容设置完成后，在【校正】选项组中选择一个选项，Photoshop CC 就会自动校正图像中出现的几何扭曲、色差或者晕影。

【自动缩放图像】用于指定如何处理由于校正枕形失真、旋转或透视校正而产生的空白区域。

【镜头校正】对话框左侧的工具中，按下【移去扭曲工具】 🔲，单击向画面边缘拖动鼠标可以校正桶形失真，向画面中心拖动鼠标可以校正枕行失真；按下【拉直工具】 🔲，在画面中单击鼠标并拖出一条直线，图像会以该直线为基准进行角度校正。

10.2.4 液化

【液化】命令可以扭曲图像。执行【滤镜】→【液化】命令，可以打开【液化】对话框，在对话框中可以进行详细的参数设置，如图10-24所示。

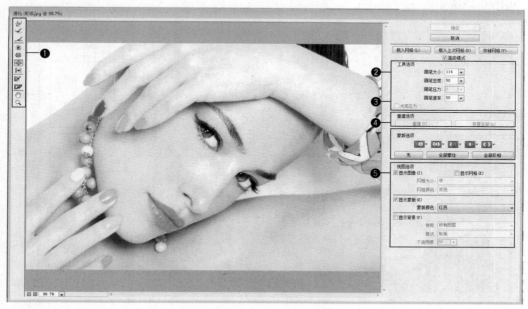

图10-24 【液化】对话框

在【液化】对话框中，各项参数的含义如下。

❶ 工具按钮	包括执行液化的各种工具，其中【向前变形工具】通过在图像上拖动，向前推动图像而产生变形；【重建工具】通过绘制变形区域，能够部分或全部恢复图像的原始状态；【冻结蒙版工具】将不需要液化的区域创建为冻结的蒙版；【解冻蒙版工具】擦除保护的蒙版区域
❷ 工具选项	用于设置当前选择的工具的各种属性
❸ 重建选项	通过下拉列表选择重建液化的方式。其中【恢复】可以通过【重建】按钮将未冻结的区域逐步恢复为初始状态；【恢复全部】可以一次性恢复全部未冻结的区域
❹ 蒙版选项	设置蒙版的创建方式。单击【全部蒙住】按钮冻结整个图像；单击【全部反相】按钮反相所有的冻结区域
❺ 视图选项	定义当前图像、蒙版以及背景图像的显示方式

使用【顺时针旋转扭曲工具】进行旋转操作时，默认情况下为顺时针旋转，按住【Alt】键可实现逆时针方向的旋转。

10.2.5 油画

【油画】滤镜能快速让图像呈现油画的效果，还可以控制画笔的样式以及光线的方向和亮度，以产生更加出色的效果。执行【滤镜】→【油画】命令，弹出【油画】对话框，如图10-25所示。

图10-25 【油画】对话框

在【油画】对话框中，各项参数的含义如下。

①画笔	【描边样式】：用于调整笔触样式；【描边清洁度】：用于设置纹理的柔化程度；【缩放】：用于对纹理进行缩放；【硬毛刷细节】：用于设置画笔细节的丰富程度
②光照	【角方向】：用于设置光线的照射角度；【闪亮】：可以提高纹理的清晰度

10.2.6 消失点

【消失点】滤镜可以进行透视校正。在应用绘画、仿制、拷贝或粘贴以及变换等操作时，Photoshop CC可以确定这些操作的方向，并将它们缩放到透视平面，制作出透视效果。

执行【滤镜】→【消失点】命令，打开【消失点】对话框，如图10-26所示。对话框中包含用于定义透视平面的工具、用于编辑图像的工具以及一个可预览图像的工作区。

【消失点】对话框中的各项工具的含义如下。

图10-26 【消失点】对话框

❶ 编辑平面工具	用于选择、编辑、移动平面的节点以及调整平面的大小
❷ 创建平面工具	用于定义透视平面的四个角节点。创建了四个角节点后，可以移动、缩放平面或重新确定其形状；按住【Ctrl】键拖动平面的边节点可以拉出一个垂直平面。在定义透视平面的节点时，如果节点的位置不正确，可按下【Back Space】键将该节点删除
❸ 选框工具	在平面上单击并拖动鼠标可以选择平面上的图像。选择图像后，将鼠标指针放在选区内，按住【Alt】键拖动可以复制图像；按住【Ctrl】键拖动选区，则可以用原图像填充该区域
❹ 图章工具	使用该工具时，按住【Alt】键在图像中单击可以为仿制设置取样点；在其他区域拖动鼠标可复制图像；按住【Shift】键单击可以将描边扩展到上一次单击处
❺ 画笔工具	可在图像上绘制选定的颜色
❻ 变换工具	使用该工具时，可以通过移动定界框的控制点来缩放、旋转和移动浮动选区，就类似于在矩形选区上使用【自由变换】命令
❼ 吸管工具	可拾取图像中的颜色作为画笔工具的绘画颜色
❽ 抓手工具	在图像中拖动可以移动视图
❾ 缩放工具	在图像中单击可以缩放视图

📖 课堂范例——复制透视对象

步骤01 打开网盘中"素材文件\第10章\风车.jpg"文件，打开【消失点】对话框，如图10-27所示。

步骤02 执行【滤镜】→【消失点】命令，在【消失点】对话框中，单击【创建平面工具】，在图像中单击，添加节点，定义透视平面，如图10-28所示。

图 10-27 【消失点】对话框

图 10-28 定义透视平面

步骤03 单击【图章工具】，在对话框顶部设置【修复】为"开"，在透视平面内按住【Alt】键单击鼠标进行取样，在图像右侧进行涂抹，将取样点的图像涂抹复制至鼠标涂抹处，如图10-29所示。

步骤04 释放鼠标，单击【确定】按钮，图像效果如图10-30所示。

图 10-29 复制图像

图 10-30 复制图像效果

10.3 滤镜命令的应用

除了【滤镜库】中的滤镜和独立滤镜外，滤镜命令还包括扭曲、像素化、杂色、模糊、渲染、画笔描边、素描、纹理、艺术效果等，下面分别进行介绍。

10.3.1 【风格化】滤镜组

【风格化】滤镜组中包含了8种滤镜，它们的主要作用是移动选区内图像的像素，提高像素的对比度，使之产生绘画和印象派风格效果。

- 查找边缘：可以自动搜索图像像素对比度变化剧烈的边界，将高反差区变亮，低反差区变暗，其他区域则介于两者之间，硬边变为线条，而柔边变粗，形成一个清晰的轮廓。原图如图10-31所示。效果如图10-32所示。

- 等高线：可以查找主要亮度区域的转换，并为每个颜色通道淡淡地勾勒主要亮度区域的转换，以获得与等高线图中的线条类似的效果。

- 风：可以在图像上设置犹如被风吹过的效果，如图10-33所示。可以选择"风""大风"和"飓风"效果。但该滤镜只在水平方向起作用，要产生其他方向的风吹效果，需要先将图像旋转，然后再使用此滤镜。

图 10-31　原图　　　　　图 10-32　查找边缘　　　　　图 10-33　风

- 浮雕效果：可通过勾画图像或选区的轮廓以及降低周围色值来生成凸起或凹陷的浮雕效果，如图10-34所示。

- 扩散：可以将图像的像素扩散显示，设置图像绘画溶解的艺术效果。

- 拼接：可以将图像分割成有规则的方块，并使其偏离原来的位置，产生不规则磁砖拼凑成的图像效果，如图10-35所示。

- 曝光过度：将图像正片和负片混合，翻转图像的高光部分，模拟摄影中曝光过度的效果。

- 凸出：可以将图像分成一系列大小相同且有机重叠放置的立方体或锥体，产生特殊的3D效果，如图10-36所示。

  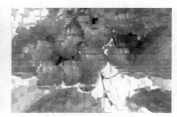

图 10-34　浮雕效果　　　　　图 10-35　拼接　　　　　图 10-36　凸出

10.3.2 【模糊】滤镜组

【模糊】滤镜组中包含了14种滤镜，可以对图像进行柔和处理，可以将图像像素的边线设置为模糊状态，在图像上表现出速度感或晃动的感觉。

- 场景模糊：可以通过一个或多个图钉对照片场景中不同的区域应用模糊效果。原图如图10-37所示。场景模糊效果如图10-38所示。

- 光圈模糊：可以对照片应用模糊，并创建一个椭圆形的焦点范围，它能模拟出柔焦镜头拍出的梦幻、朦胧的画面效果。

- 倾斜偏移：能模拟出利用移轴镜头拍摄出缩微模式一样的效果。

- 表面模糊：可以在图像保存边缘的同时，对图像表面添加模糊效果，可用于创建特殊效果并消除杂色或颗粒度。

- 动感模糊：可以使图像按照指定方向和指定强度变模糊，此滤镜的效果类似于以固定的曝光时间给一个正在移动的对象拍照。在表现对象的速度感时会经常用到该滤镜，效果如图10-39所示。

图 10-37　原图　　　　　图 10-38　场景模糊　　　　　图 10-39　动感模糊

- 方框模糊：可以基于相邻像素的平均颜色来模糊图像。

- 高斯模糊：可以通过控制模糊半径对图像进行模糊处理，使图像产生一种朦胧的效果。

- 进一步模糊：可以得到应用【模糊】滤镜3~4次的效果。

- 径向模糊：与相机拍摄过程中进行移动或旋转后所拍摄照片产生的模糊效果相似。

- 镜头模糊：能够将图像处理为与相机镜头类似的模糊效果，并且可以设置不同的焦点位置。

- 模糊：用于柔化整体或部分图像。

- 平均：通过寻找图像或者选区的平均颜色，然后再用该颜色填充图像或选区，可以使图像变得平滑。

- 特殊模糊：提供了【半径】【阈值】和【模糊品质】等设置选项，可以精确地模糊图像。

- 形状模糊：可通过选择的形状对图像进行模糊处理。选择的形状不同，模糊的效果也不同。

10.3.3 【扭曲】滤镜组

　　【扭曲】滤镜组中包含了9种滤镜，它们可以对图像进行移动、扩展或收缩来设置图像的像素，对图像进行各种形状的变换，如波浪、波纹等形状。

- 波浪：使用【波浪】滤镜可以使图像产生强烈的波纹起伏的波浪效果，如图10-40所示。

- 波纹：与【波浪】滤镜相似，可以使图像产生波纹起伏的效果，但提供的选项较少，只能控制波纹的数量和大小。

- 极坐标：可使图像坐标从直角坐标系转化成极坐标系，或者将极坐标转化为直角坐标。使用该滤镜可以创建18世纪流行的曲面扭曲效果，如图10-41所示。

- 挤压：可以把图像挤压变形、收缩膨胀，从而产生离奇的效果。

- 切变：可以将图像沿用户所设置的曲线进行变形，产生扭曲的图像，如图10-42所示。

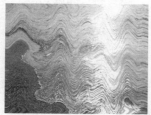  

图10-40 波浪　　　　　　图10-41 极坐标　　　　　　图10-42 切变

- 球面化：可以将图像挤压，产生图像包在球面或柱面上的立体效果。

- 水波：可以模拟出水池中的波纹，在图像中产生类似于向水池中投入石头后水面的涟漪效果。

- 旋转扭曲：可以将选区内的图像旋转，图像中心的旋转程度比图像边缘的旋转程度大。

- 置换：【置换】滤镜需要使用一个PSD格式的图像作为置换图，然后对置换图进行相关的设置，以确定当前图像如何根据位移图发生弯曲、破碎的效果。

10.3.4 【锐化】滤镜组

【锐化】滤镜组中包含了6种滤镜，可以将图像制作得更清晰，使画面的图像更加鲜明，通过提高主像素的颜色对比度使画面更加细腻。

- USM锐化：可以调整图像边缘的对比度，并在边缘的每一侧生成一条暗线和一条亮线，使图像的边缘变得更清晰、突出，原图如图10-43所示。

- 防抖：【防抖】滤镜命令几乎在不增加噪点、不影响画质的前提下，使因轻微抖动而造成的模糊瞬间重新清晰起来，如图10-44所示。

- 进一步锐化：可对图像实现进一步的锐化，使之产生强烈的锐化效果。

- 锐化：通过增加相邻像素的反差来使模糊的图像变得更清晰。

- 锐化边缘：只强调图像边缘部分，而保留图像总体的平滑度。
- 智能锐化：通过设置锐化算法来锐化图像，也可通过设置阴影和高光中的锐化量来使图像产生锐化效果，如图10-45所示。

　　图 10-43　USM 锐化　　　　　　图 10-44　防抖　　　　　　图 10-45　智能锐化

10.3.5 【视频】滤镜组

　　【视频】滤镜组中包含了两种滤镜，可以处理从隔行扫描方式设备中提取的图像，将普通图像转换为视频设备可以接收的图像，以解决视频图像交换时系统差异的问题。

- NTSC颜色：可以将不同色域的图像转化为电视可接受的颜色模式，以防止过度饱和导致颜色渗过电视扫描行。NTSC即"国际电视标准委员会"的英文缩写。
- 逐行：通过隔行扫描方式显示画面的电视，以及视频设备中捕捉的图像都会出现扫描线，【逐行】滤镜可以移去视频图像中的奇数或偶数隔行线，使在视频上捕捉的运动图像变得平滑。

10.3.6 【像素化】滤镜组

　　【像素化】滤镜组中包含了7种滤镜，通过平均分配色度值使单元格中颜色相近的像素结成块，用于清晰地定义一个选区，从而使图像产生彩块、晶格、碎片等效果。

- 彩块化：使纯色或相近颜色的像素结成相近颜色的像素块，图像如同手绘效果，也可以使现实主义图像产生类似于抽象派的绘画效果。
- 彩色半调：可以使图像变为网点状效果。它先将图像的每一个通道划分出矩形区域，再以和矩形区域亮度成比例的圆形替代这些矩形，圆形的大小与矩形的亮度成比例，高光部分生成的网点较小，阴影部分生成的网点较大。彩色半调如图10-46所示。
- 点状化：将图像的颜色分解为随机分布的网点，如同点状化绘画一样，背景色将作为网点之间的画布区域，如图10-47所示。

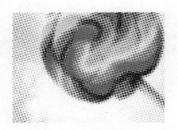

图 10-46 彩色半调

图 10-47 点状化

- 晶格化：可以使图像中相近的像素集中到多边形色块中，产生类似结晶的颗粒效果。
- 马赛克：可以使像素结为方形块，再对块中的像素应用平均的颜色，从而生成马赛克效果，如图 10-48 所示。
- 碎片：可以把图像的像素进行 4 次复制，再将它们平均，并使其相互偏移，使图像产生一种类似于相机没有对准焦距所拍摄出的效果模糊的照片。

图 10-48 马赛克

- 铜版雕刻：可以在图像中随机生成各种不规则的直线、曲线和斑点，使图像产生年代久远的金属板效果。

10.3.7 【渲染】滤镜组

【渲染】滤镜组中包含了 5 种滤镜，可以在图像中创建出灯光、云彩、折射图案以及模拟的光反射，是非常重要的特效制作滤镜。

- 光照效果：可以在图像上产生不同的光源、光类型，以及不同光特性形成的光照效果。
- 镜头光晕：可以模拟亮光照射到相机镜头所产生的折射效果。原图如图 10-49 所示，光照效果如图 10-50 所示。
- 纤维：使用前景色和背景色来创建编辑纤维的外观。
- 云彩：使用前景色和背景色之间的随机值来生成柔和的云彩图案。
- 分层云彩：与【云彩】滤镜原理相同，但是使用【分层云彩】滤镜时，图像中的某些部分会被反相为云彩图案，如图 10-51 所示。

图 10-49 原图

图 10-50 光照效果

图 10-51 分层云彩

　　按住【Alt】键的同时，执行【滤镜】→【渲染】→【云彩】命令，可以生成色彩较为分明的云彩图案。

10.3.8 【杂色】滤镜组

　　【杂色】滤镜组中包含了5种滤镜，用于增加图像上的杂点，使之产生色彩漫散的效果，或用于去除图像中的杂点，如扫描输入图像的斑点和折痕。

- 减少杂色：可以减少图像中的杂色，同时又可保留图像的边缘。
- 蒙尘与划痕：可通过更改相应的像素来减少杂色，该滤镜对去除扫描图像中的杂点和折痕特别有效。原图如图10-52所示，蒙尘与划痕如图10-53所示。
- 去斑：可以检测图像边缘发生显著颜色变化的区域，并模糊除边缘外的所有选区，消除图像中的斑点，同时保留细节。
- 添加杂色：可以在图像中应用随机像素，使图像产生颗粒状效果，常用于修饰图像中不自然的区域，如图10-54所示。
- 中间值：通过混合像素的亮度来减少图像中的杂色。

图10-52　原图　　　　　　图10-53　蒙尘与划痕　　　　图10-54　添加杂色

10.3.9 【其他】滤镜组

　　【其他】滤镜组中包含了5种滤镜，在它们当中，有允许自定义滤镜的命令，也有使用滤镜修改蒙版、在图像中使选区发生位移和快速调整颜色的命令。

- 高反差保留：可调整图像的亮度，降低阴影部分的饱和度。原图如图10-55所示。高反差保留如图10-56所示。
- 位移：可通过输入水平和垂直方向距离的数值来移动图像。
- 最大值：可用高光颜色的像素代替图像的边缘部分，如图10-57所示。
- 最小值：可用阴影颜色的像素代替图像的边缘部分。
- 自定：可通过数学运算使图像颜色发生变化。

图 10-55 原图

图 10-56 高反差保留

图 10-57 最大值

按【Ctrl+F】组合键，可以重复执行滤镜命令；按【Ctrl+Alt+F】组合键，可以打开【上一步滤镜命令】对话框。

10.3.10 【Digimarc】滤镜组

【Digimarc】滤镜组可以将数学水印嵌入到图像中以存储版权信息，使图像的版权通过 Digimarc ImageBridge 技术的数字水印受到保护。

- 嵌入水印：可以在图像中加入著作权信息。在嵌入水印之前，必须先向 Digimarc Corporationa 公司注册，取得一个 Digimarc ID，然后将这个 ID 号码随同著作权信息一并嵌入到图像中，但要支付一定的费用。

- 读取水印：主要用来阅读图像中的数字水印内容。当一个图像中含有数字水印时，则在图像窗口的标题栏和状态栏上会显示出一个【C】状符号。

课堂问答

通过本章的讲解，大家对滤镜和滤镜命令有了一定的了解，下面列出一些常见的问题供学习参考：

问题 ❶：智能滤镜有什么优势？

答：普通滤镜是通过修改像素来生成效果的。如果将图像保存并关闭，就无法恢复为原来的效果了。

智能滤镜是一种非破坏的滤镜，它将滤镜效果应用于智能对象上，不会修改图像的原始数据。执行【滤镜】→【转换为智能滤镜】命令，将图层转换为智能图层，应用到该图层的滤镜即为智能滤镜。

问题 ❷：如何加快滤镜运行速度？

答：Photoshop CC 中一部分滤镜在使用时会占用大量的内存，如在使用【光照效果】等滤镜处理高分辨率的图像时，Photoshop CC 的处理速度会变得很慢。

在这样的情况下，可以先在一小部分图像上试验滤镜，找到合适的设置后，再将滤镜应用于整个图像。或者在使用滤镜之前先执行【编辑】→【清理】命令释放内存。

问题❸：什么是水印？

答：水印是一种以杂色方式添加到图像中的数字代码，肉眼是看不到这些代码的。添加数字水印后，无论进行通常的图像编辑，或是文件格式转换，水印仍然存在。经过拷贝带有嵌入水印的图像时，水印和与水印相关的任何信息也会被拷贝。

📷 上机实战——制作极地球面效果

通过本章的学习，为了让读者能巩固本章知识点，下面讲解一个技能综合案例，使大家对本章的知识有更深入的了解。

效果展示

思路分析

全景图经过处理可以变身为类似于3D效果的球体。透视效果非常逼真。这样奇妙的变化就是通过滤镜命令完成的，下面讲解具体操作方法。

本例首先调整图像大小，然后使用【极坐标】命令创建球体外观，最后使用【Camera Raw滤镜】命令调整色调，得到最终效果。

制作步骤

步骤01　打开网盘中"素材文件\第10章\建筑.jpg"文件，如图10-58所示。

步骤02　执行【图像】→【调整】→【阴影/高光】命令，设置【阴影】为"100%"，单击【确定】按钮，如图10-59所示。

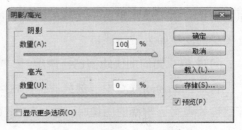

图10-58　原图　　　　　　　　　　图10-59　【阴影/高光】对话框

步骤03 执行【图像】→【图像大小】命令，单击【限制长宽比】按钮取消限制，设置【宽度】和【高度】为"800像素"，单击【确定】按钮，如图10-60所示。更改图像大小后，图像效果如图10-61所示。

图10-60 【图像大小】对话框

图10-61 图像效果

步骤04 执行【图像】→【图像旋转】→【180度】命令，旋转图像效果如图10-62所示。执行【滤镜】→【扭曲】→【极坐标】命令，选择【平面坐标到极坐标】选项，单击【确定】按钮，如图10-63所示。

图10-62 旋转图像

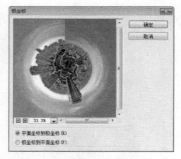

图10-63 【极坐标】对话框

步骤05 选择【吸管工具】，在云层位置单击吸取颜色，如图10-64所示。

步骤06 结合【混合器画笔工具】和【仿制图章工具】，在球体接口处涂抹融合图像，如图10-65所示。

图10-64 吸取颜色

图10-65 修复接口

步骤07 执行【滤镜】→【Camera Raw滤镜】命令，设置【色调】为"-50"，单击【确定】按钮，如图10-66所示。

步骤08 按【Ctrl+J】组合键复制图层，生成【图层1】，更改图层混合模式为"柔光"，如图10-67所示。

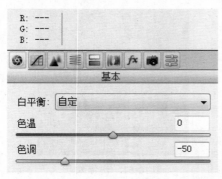

图 10-66 【Camera Raw 滤镜】对话框

图 10-67 复制图层

同步训练——制作科技蓝眼

通过上机实战案例的学习，为了增强读者的动手能力，下面安排一个同步训练案例，让读者达到举一反三、触类旁通的学习效果。

图解流程

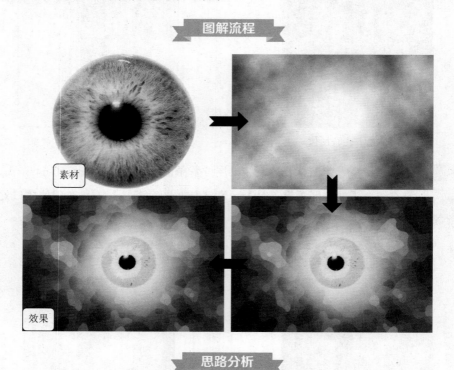

思路分析

滤镜可以创造出随机图案，特别适用于制作科技类背景或者图案，下面讲述如何制作科技蓝眼特效。

本例首先使用【画笔工具】☑绘制主体背景，然后使用【云彩】滤镜制作随机图案，通过【颜色查找】调整图层为图案着色，最后添加素材，完成效果制作。

关键步骤

步骤01 执行【文件】→【新建】命令，设置【宽度】为"650像素"，【高度】为"450像素"，单击【确定】按钮，为背景填充黑色。

步骤02 设置前景色为白色，新建【图层1】，选择【画笔工具】☑，设置【大小】为"400像素"，【硬度】为"0%"，在图像中单击两次，绘制白色图像，如图10-68所示。新建并选中【图层2】，如图10-69所示。

图10-68 绘制图像

图10-69 新建图层

步骤03 执行【滤镜】→【渲染】→【云彩】命令，执行【滤镜】→【渲染】→【分层云彩】命令，按【Ctrl+F】组合键，重复执行【分层云彩】命令，如图10-70所示。

步骤04 执行【滤镜】→【像素化】→【晶格化】命令，设置【单元格大小】为"30"，单击【确定】按钮，效果如图10-71所示。

图10-70 云彩效果

图10-71 晶格化效果

步骤05 执行【滤镜】→【杂色】→【中间值】命令，设置【半径】为"10像素"，单击【确定】按钮，效果如图10-72所示。

步骤06 在【调整】面板中，单击【创建新的颜色查找调整图层】按钮▦，在【属性】面板中，设置【3DLUT文件】为"HorrorBlue.3DL"，效果如图10-73所示。

图 10-72 中间值效果

图 10-73 着色效果

步骤07 打开网盘中"素材文件\第10章\眼球.jpg"文件，使用【魔棒工具】
选中背景，按【Shift+Ctrl+I】快捷键，反向选区，按【Ctrl+C】组合键复制图像，如图
10-74 所示。

步骤08 切换回原图像中，按【Ctrl+V】组合键粘贴图像，更改图层混合模式为
颜色加深，最终效果如图 10-75 所示。

图 10-74 复制图像

图 10-75 最终效果

📎 知识能力测试

本章讲解了 Photoshop CC 中滤镜的使用方法，为对知识进行巩固和考核，布置相应
的练习题。

一、填空题

1. 桶形失真是由镜头引起的成像画面呈桶形膨胀状的失真现象，使
用＿＿＿＿或＿＿＿＿的最广角时，容易出现这种情况。

2. 在 Photoshop CC 中，独立滤镜有单独的参数设置界面，它们都具有奇特的功效，
可以制作出不一样的图像效果。包括＿＿＿＿、＿＿＿＿、＿＿＿＿、＿＿＿＿、＿＿＿＿、＿＿＿＿五种。

3.【成角的线条】命令通过描边重新绘制图像，用相反的方向来绘制＿＿＿＿和
＿＿＿＿区域。

二、选择题

1．【照亮边缘】命令属于哪类滤镜？（   ）

    A．风格化   B．像素化   C．纹理   D．艺术效果

2．【杂色】滤镜组中包含了5种滤镜，用于增加图像上的（   ），使之产生色彩漫散的效果。

    A．杂色   B．杂点   C．杂线   D．多余图像

3．按住（   ）键的同时，执行【滤镜】→【渲染】→【云彩】命令。可以生成色彩较为分明的云彩图案。

    A．【Enter】   B．【Shift】   C．【Alt】   D．【Tab】

三、简答题

1．请回答在【像素化】滤镜组中，包含哪些滤镜？这些滤镜命令的主要作用是什么？

2．【云彩】滤镜和【分层云彩】有什么区别？

第11章
图像输出与处理自动化

　　图像输出是指将作品打印到纸张上；通过自动化功能，可以减少重复操作，大大提高工作效率。本章将讲述在Photoshop CC中，图像输出文件和处理自动化的相关内容。

学习目标

- 熟练掌握图像的打印方法
- 熟练掌握图像的输出方法
- 了解网页图像的优化与输出
- 熟练掌握切片的生成与编辑
- 熟练掌握动作应用和自动化应用

11.1 图像的打印和输出方法

在【Photoshop打印设置】对话框中可以预览图像，选择打印机、打印份数、输出选项和色彩管理选项。

11.1.1 【打印】对话框

执行【文件】→【打印】命令，或按【Ctrl+P】组合键，打开【Photoshop打印设置】对话框，设置好参数后，单击【打印】按钮即可，如图11-1所示。

图11-1 【Photoshop打印设置】对话框

在【Photoshop打印设置】对话框中，各选项参数含义如下。

❶打印机	在该选项的下拉列表中可以选择打印机
❷份数	可以设置打印份数
❸打印设置	单击该按钮，可以打开一个对话框设置纸张的方向、页面的打印顺序和打印页数
❹色彩管理	设置文件的打印色彩管理。包括颜色处理和打印机配置文件等
❺位置	勾选【居中】选项，可以将图像定位于可打印区域的中心；取消勾选，则可在【顶】和【左】选项中输入数值定位图像，从而只打印部分图像

❻缩放后的打印尺寸	如果勾选【缩放以适合介质】选项，可自动缩放图像至适合纸张的可打印区域；取消勾选，则可在【缩放】选项中输入图像缩放比例，或者在【高度】和【宽度】选项中设置图像的尺寸
❼打印选定区域	勾选此项后，打印预览框四周会出现黑色箭头符号，拖动该符号，可自定义文件打印区域
❽打印标记	该选项可以控制是否输出打印标记。包括角裁剪标记、套准标记等
❾函数	控制打印图像外观的其他选项。包括药膜朝下、负片等印前处理设置。单击【函数】选项中的【背景】【边界】【出血】等按钮，即可打开相应的选项设置对话框，其中，【背景】用于选择要在页面上的图像区域外打印的背景色；【边界】用于在图像周围打印一个黑色边框；【出血】用于在图像内而不是在图像外打印裁切标记

技 能 拓 展

如果要使用当前的打印选项打印一份文件，可执行【文件】→【打印一份】命令或按【Alt+Shift+Ctrl+P】组合键来操作，该命令无对话框。

11.1.2 色彩管理

在【Photoshop打印设置】对话框右侧的【色彩管理】选项组中，可以设置【色彩管理】选项，以获得最好的打印效果，如图11-2所示。

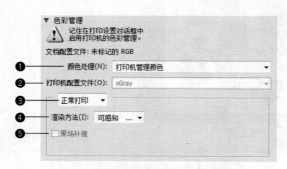

图11-2 【色彩管理】选项

❶颜色处理	用于确定是否使用色彩管理。如果使用则需要确定将其应用在程序中，还是打印设备中
❷打印机配置文件	可选择适用于打印机和即将使用的纸张类型的配置文件
❸正常/印刷校样	选择【正常】，可进行普通打印；选择【印刷校样】，可打印印刷校样，即可模拟文档在打印机上的输出效果
❹渲染方法	指定Photoshop如何将颜色转换为打印机颜色空间
❺黑场补偿	通过模拟输出设备的全部动态范围来保留图像中的阴影细节

11.1.3 打印标记和函数

当我们需要将Photoshop CC中处理的图像进行商业印刷,可在【打印标记】选项组中指定在页面中显示哪些标记。【函数】选项组中包含【背景】【边界】【出血】等按钮,单击一个按钮即可打开相应的选项设置对话框,如图11-3所示。

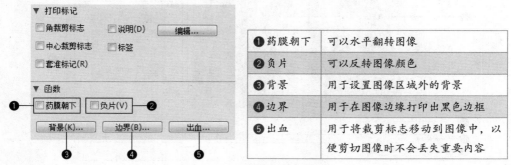

❶ 药膜朝下	可以水平翻转图像
❷ 负片	可以反转图像颜色
❸ 背景	用于设置图像区域外的背景
❹ 边界	用于在图像边缘打印出黑色边框
❺ 出血	用于将裁剪标志移动到图像中,以便剪切图像时不会丢失重要内容

图11-3 打印标记和函数选项

11.1.4 陷印

在叠印套色版时,如果套印不准、相邻的纯色之间没有对齐,便会出现小的缝隙。出现这种情况,通常采用一种陷印技术来进行纠正。

执行【图像】→【陷印】命令,打开【陷印】对话框,【宽度】代表了印刷时颜色向外扩张的距离。该命令仅用于CMYK模式的图像。如果需要设置陷印值,印刷商会告知具体数值。

11.2 网页图像的优化与输出

Web非常流行的一个很重要的原因,就在于它可以在一页上同时显示色彩丰富的图形和文本的性能。优化图像可以加快网页的浏览速度。

11.2.1 优化图像

执行【文件】→【存储为Web所用格式】命令,打开【存储为Web所用格式】对话框,使用对话框中的优化功能可以对图像进行优化和输出,如图11-4所示。

图 11-4 【存储为 Web 所用格式】对话框

❶工具栏	【抓手工具】🖐可以移动查看图像;【切片选项工具】🔪可选择窗口中的切片,以便对其进行优化。【缩放工具】🔍可以放大或缩小图像的比例;【吸管工具】🖋可吸取图像中的颜色,并显示在【吸管颜色图标】■中;【切换切片可视性】🔲用于显示或隐藏切片定界框
❷显示选项	单击【原稿】标签,窗口中只显示没有优化的图像;单击【优化】标签,窗口中只显示应用了当前优化设置的图像;单击【双联】标签,并排显示优化前和优化后的图像;单击【四联】标签,可显示原稿外的其他三个图像,可以进行不同的优化,每个图像下面都提供了优化信息,可以通过对比选择最佳优化方案
❸原稿图像	显示没有优化的图像
❹优化的图像	显示应用了当前优化设置的图像
❺状态栏	显示光标所在位置图像的颜色值等信息
❻图像大小	将图像大小调整为指定的像素尺寸或原稿大小的百分比
❼预览	可以在 Adobe Device Central 或浏览器中预览图像
❽预设	设置优化图像的格式和各个格式的优化选项
❾颜色表	将图像优化为 GIF、PNG-8 和 WBMP 格式时,在【颜色表】中对图像颜色进行优化设置
❿动画	设置动画的循环选项,显示【动画控制】按钮。

11.2.2 Web图像的输出设置

优化 Web 图像后,在【存储为 Web 设备所用格式】对话框的【优化】扩展菜单中选择【编辑输出设置】命令,如图 11-5 所示,打开【输出设置】对话框。在对话框中可以控制如何设置 HTML 文件的格式、如何命名文件和切片,以及在存储优化图像时如何处理背景图像，如图11-6所示。

图11-5　选择【编辑输出设置】命令　　　　图11-6　【输出设置】对话框

11.3 切片的生成与编辑

制作网页时，通常要对网页进行切片。通过优化切片可以对分割的图像进行不同程度的压缩，以便减少图像的下载时间。另外，还可以为切片制作动画，链接到URL地址，或者使用它们制作翻转按钮。

11.3.1 创建切片

【切片工具】的功能主要是生成切片，选择【切片工具】后，其选项栏中常用的参数作用如图11-7所示。

图11-7　【切片工具】选项栏

❶样式	选择切片的类型，选择【正常】，通过拖动鼠标确定切片的大小；选【固定长宽比】输入切片的高宽比，可创建具有固定长宽比的切片；选择【固定大小】输入切片的高度和宽度，然后在画面单击，即可创建指定大小的切片
❷宽度／高度	设置裁剪区域的宽度和高度
❸基于参考线的切片	可以先设置好参考线，然后单击该按钮，让软件自动按参考线分切图像

1．创建普通切片

选择【切片工具】，在创建切片的区域上单击并拖出一个矩形框，释放鼠标即可创建一个用户切片。

2．基于图层创建切片

在【图层】面板中选择目标图层，执行【图层】→【新建基于图层的切片】命令，基于图层创建切片，切片会包含该图层中所有的像素。

当创建基于图层的切片以后，移动和编辑图层内容时，切片区域也会随之自动调整。

11.3.2 编辑切片

使用【切片选择工具】对图像的切片进行选择、移动和调整大小，选择【切片选择工具】，其选项栏中常用的参数作用如图11-8所示。

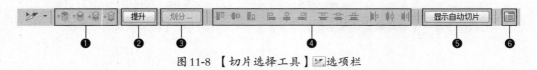

图11-8 【切片选择工具】选项栏

❶ 调整切片堆叠顺序	在创建切片时，最后创建的切片是堆叠顺序中的顶层切片。当切片重叠时，可单击该选项中的按钮，改变切片的堆叠顺序，以便能够选择到底层的切片
❷ 提升	单击该按钮，可以将所选的自动切片或图层切片转换为用户切片
❸ 划分	单击该按钮，可以打开【划分切片】对话框对所选切片进行划分
❹ 对齐与分布切片	选择多个切片后，单击该选项中的按钮可以对齐或分布切片，这些按钮的使用方法与对齐和分布图层的按钮相同
❺ 显示/隐藏自动切片	单击该按钮，可以显示/隐藏自动切片
❻ 设置切片选项	单击该按钮，可在打开的【切片选项】对话框中设置切片的名称、类型并指定URL地址等

11.3.3 划分切片

使用【切片选择工具】选择切片，单击其选项栏中的【划分】按钮，打开【划分切片】对话框，如图11-9所示。在对话框中可沿水平、垂直方向或同时沿这两个方向重新划分切片。其效果如图11-10所示。

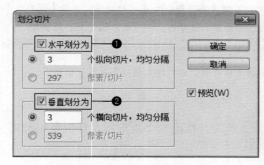

图11-9 【划分切片】对话框

图11-10 划分切片效果

在【划分切片】对话框中，各参数含义如下。

❶水平划分为	勾选该项后，可在长度方向上划分切片。有两种划分方式，选择【个纵向切片，均匀分隔】，可输入切片的划分数目；选择【像素/切片】可输入一个数值，基于指定数目的像素创建切片，如果按该像素数目无法平均地划分切片，则会将剩余部分划分为另一个切片
❷垂直划分为	勾选该项后，可在宽度方向上划分切片，也包含两种划分方法

11.3.4　组合与删除切片

使用【切片选择工具】🔲选择两个或更多的切片，单击右键，在弹出的快捷菜单中选择【组合切片】命令，如图11-11所示。可以将所选切片组合为一个切片，如图11-12所示。

图 11-11　选择【组合切片】命令

图 11-12　组合切片效果

使用【切片选择工具】🔲选择一个或者多个切片，单击右键，在弹出的快捷菜单中选择【删除切片】命令，可以将所选切片删除，如果要删除所有切片，可执行【视图】→【清除切片】命令。选择切片后，按下【Delete】键可快速将其删除。

11.3.5　转换为用户切片

基于图层的切片与图层的像素内容相关联，当我们对切片进行移动、组合、划分、调整大小和对齐等操作时，唯一的方法就是编辑相应的图层。只有将其转换为用户切片，才能使用【切片工具】🔲对其进行编辑。此外，在图像中，所有自动切片都链接在一起并共享相同的优化设置，如果要为自动切片设置不同的优化设置，也必须将其提升为用户切片。

使用【切片选择工具】🔲选择要转换的切片，在其选项栏中单击【提升】按钮，即可将其转换为用户切片。

课堂范例——切片的综合编辑

步骤01 打开网盘中"素材文件\第11章\降落伞.jpg"文件，选择【切片工具】✐，在创建切片的区域上单击并拖出一个矩形框，如图11-13所示。释放鼠标即可创建一个用户切片，如图11-14所示。

图11-13　拖动鼠标

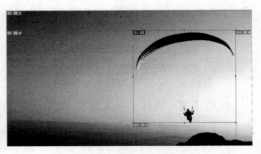
图11-14　创建用户切片

步骤02 使用相同的方法创建其他切片，使用【切片选择工具】✐单击一个切片可将它选择，如图11-15所示。

步骤03 按住【Shift】键单击其他切片，可同时选择切片，选中的切片边框为黄色，如图11-16所示。

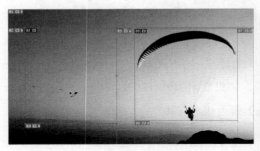
图11-15　选择切片

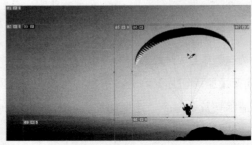
图11-16　加选切片

步骤04 选择切片后，拖动切片定界框上的控制点可以调整切片大小，如图11-17所示。选择切片后，拖动切片可以移动切片，如图11-18所示。

图11-17　调整切片大小

图11-18　移动切片

动作应用

在Photoshop CC中，可以将图像的处理过程通过动作记录下来，以后对其他图像进行相同的处理时，执行该动作便可以自动完成操作任务。通过动作可以简化重复操作的繁琐，实现文件处理的高效和快捷。

11.4.1 【动作】面板

执行【窗口】→【动作】命令，可以打开【动作】面板，如图11-19所示。

图11-19 【动作】面板

❶切换对话开/关	设置动作在运行过程中是否显示有参数对话框的命令。若动作左侧显示图标▣，则表示该动作运行时所用命令具有对话框的命令
❷切换项目开/关	设置控制动作或动作中的命令是否被跳过。若某一个命令的左侧显示图标✔，则表示此命令正常。若显示图标▢，则表示此命令被跳过
❸面板扩展按钮	单击【面板扩展】按钮，打开隐藏的面板菜单，在该菜单中可以对面板模式进行选择，并提供动作的【创建】【记录】【删除】等基本菜单选项，可以对动作进行载入、复位、替换、存储等操作，还可以快捷查找不同类型的动作选项
❹动作组	动作组是一系列动作的集合
❺动作	动作是一系列操作命令的集合
❻快速图标	▣用于停止播放动作和停止记录动作；单击●按钮，可录制动作；单击▶按钮，可以播放动作；单击▢按钮，创建一个新组；单击▢按钮，可创建一个新的动作；单击▢按钮，可删除动作组、动作和命令

11.4.2 播放预设动作

在Photoshop CC的【动作】面板中提供了多种预设动作，使用这些动作可以快速地制作文字效果、边框效果、纹理效果和图像效果等。

11.4.3 创建和记录动作

在 Photoshop CC 中不仅可以应用预设动作，还可以创建新动作。具体操作方法如下。

步骤01 打开网盘中"素材文件\第11章\玫瑰人物.jpg"文件，在【动作】面板中，单击【创建新动作】按钮🔲，如图 11-20 所示。

步骤02 在弹出的【新建动作】对话框中，设置参数，单击【记录】按钮🔲，如图 11-21 所示。新建【动作1】，【开始记录】按钮■变为红色，表示正在录制动作，如图 11-22 所示。

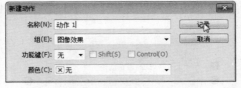

图 11-20　创建新动作　　　　图 11-21　【新建动作】对话框　　　　图 11-22　录制动作中

步骤03 执行【滤镜】→【滤镜库】→【强化的边缘】命令，单击【确定】按钮，如图 11-23 所示。

步骤04 存储图像，并关闭图像，在【动作】面板中单击【停止播放/记录】按钮■，完成动作的记录，如图 11-24 所示。

图 11-23　执行滤镜命令

图 11-24　完成录制

11.4.4 重排、复制与删除动作

在【动作】面板中，将动作或命令拖至同一动作或另一动作中的新位置中，即可重新排列动作和命令。将动作和命令拖至【创建新动作】按钮🔲上，可以将其复制。将动作或命令拖至【动作】面板中的【删除】按钮🗑上，可将其删除。选择扩展菜单中的

【清除全部动作】命令，可删除所有动作。

课堂范例——打造颜色聚集效果

步骤01　打开网盘中"素材文件\第11章\舞台.jpg"文件，如图11-25所示；在【动作】面板中，单击【扩展】按钮，在弹出的扩展菜单中选择【图像效果】选项，如图11-26所示。

图11-25　原图

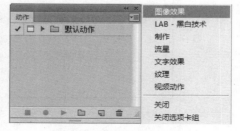

图11-26　【动作】面板

步骤02　在【图像效果】动作组下面选择【色彩汇聚（色彩）】动作，单击【播放选定的动作】按钮 ▶，如图11-27所示。色彩汇聚图像效果自动应用到素材文件中，效果如图11-28所示。

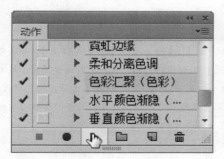

图11-27　播放动作

图11-28　最终效果

 11.5　自动化应用

　　自动化应用是自动处理图像，包括批处理图像、裁剪并修齐图像等，这些自动化操作可以提高工作效率，节约操作时间。

11.5.1　批处理图像

　　执行【文件】→【自动】→【批处理】命令，打开【批处理】对话框，如图11-29所示。

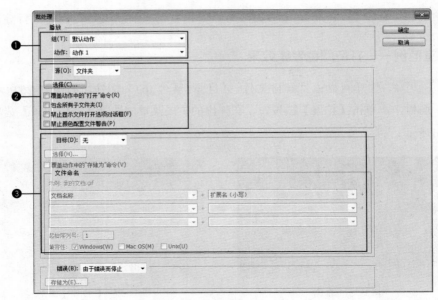

图 11-29 【批处理】对话框

❶ 播放的动作	在进行批处理前，首先要选择应用的"动作"。分别在【组】和【动作】两个选项的下拉列表中进行选择	
❷ 批处理源文件	在【源】选项组中可以设置文件的来源为"文件夹""导入""打开的文件"或是从 Bridge 中浏览的图像文件。如果设置的源图像位置为文件夹，则可以选择批处理的文件所在的文件夹位置	
❸ 批处理目标文件	在【目标】选项的下拉列表中包含【无】【存储并关闭】和【文件夹】3 个选项。选择【无】选项，对处理后的图像文件不做任何操作；选择【存储并关闭】选项，将文件存储在当前位置，并覆盖原来的文件；选择【文件夹】选项，将处理过的文件存储到另一位置。在【文件命名】选项组中可以设置存储文件的名称	

执行【文件】→【自动】→【快捷批处理】命令，会弹出【创建快捷批处理】对话框，可以创建快捷批处理。

快捷批处理是一个微型应用程序，将图像拖动到该程序上即可自动运行。

11.5.2 裁剪并修齐图像

【裁剪并修齐照片】命令是一项自动化功能，用户可以同时扫描多张图像，然后通过该命令创建单独的图像文件。

课堂范例——自动分割多张扫描图像

步骤01　打开网盘中"素材文件\第11章\三联画.jpg"文件，如图11-30所示；

执行【文件】→【自动】→【裁剪并修齐照片】命令，文件自动进行操作，拆分出三个图像文件，如图11-31所示。

图11-30　打开扫描图像

图11-31　自动裁剪图像

步骤02　执行【窗口】→【排列】→【三联水平】命令，如图11-32所示。通过前面的操作，展示裁切出的单独图像文件，如图11-33所示。

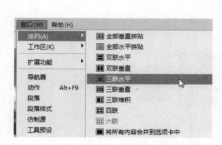
图11-32　选择命令

图11-33　三联水平排列效果

课堂问答

通过本章的讲解，大家对图像输出与处理自动化有了一定的了解，下面列出一些常见的问题供学习参考。

问题❶：如何指定动作播放速度？

答：在播放动作前，用户还可以设置动作的回放性能，具体操作方法如下。

在【动作】面板中，单击右上角的【扩展】按钮，在打开的快捷菜单中，选择【回放选项】命令，如图11-34所示；在打开的【回放选项】对话框中，可以设置动作的回放选项，包括【加速】【逐步】和【暂停】3个选项，如图11-35所示。

图11-34　【动作】面板

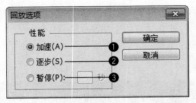

❶加速	正常播放速度
❷逐步	显示每个命令的处理结果，然后再转入下一个命令，速度较慢
❸暂停	可指定播放动作时各个命令的间隔时间

图 11-35 【回放选项】对话框

问题 ❷：如何在动作中插入菜单命令？

答：在记录动作的过程中，无法对使用【绘画工具】【调色工具】以及【视图】和【窗口】菜单下的命令进行记录，可以使用【动作】面板扩展菜单中的【插入菜单项目】命令，将这些不能记录的操作插入到动作中，具体操作方法如下。

步骤01　在动作执行过程中，单击右上角的【扩展】按钮，在打开的快捷菜单中，选择【插入菜单项目】命令，如图11-36所示。

步骤02　在打开的【插入菜单项目】对话框中，单击【确定】按钮，选择【铅笔工具】，该操作会记录到动作中，如图11-37所示。

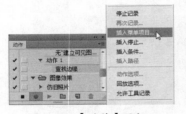
图 11-36 【动作】面板

图 11-37 【动作】面板

问题 ❸：什么是网页安全色？

答：颜色是网页设计的重要内容，电脑屏幕上看到的颜色却不一定都能在其他设备浏览器中以同样的效果显示。为了使网页图像的颜色能够在所有的显示器上看起来一模一样，在制作网页时，就需要使用Web安全色。

在【拾色器（前景色）】中调整颜色时，如果出现警告图标，可单击该图标，如图11-38所示；将当前颜色替换为与其最为接近的Web安全色。如图11-39所示。

图 11-38 【拾色器（前景色）】面板1

图 11-39 【（拾色器（前景色）】面板2

在设置颜色时，可单击【颜色】面板扩展菜单选择【Web颜色滑块】命令，如图 11-40所示；在【拾色器】面板中，勾选【只有Web颜色】选项，如图 11-41 所示。

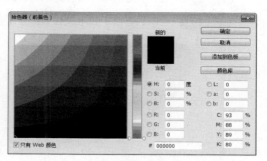

图 11-40　【颜色】面板　　　　　　图 11-41　【拾色器（前景色）】面板 3

📷 上机实战——录制为图像添加说明文字动作

通过本章的学习，为了让读者能巩固本章知识点，下面讲解一个技能综合案例，使大家对本章的知识有更深入的了解。

效果展示

![效果展示图]

思路分析

为了节约时间，可以将常用操作（修改尺寸、添加文字、调整色彩等）录制为动作，直接对其他图像播放动作即可。具体操作方法如下。

本例首先新建动作，然后录制添加文字说明动作，最后将录制的动作应用于其他图像中。

制作步骤

步骤01　打开网盘中"素材文件\第11章\玫瑰人物.jpg"文件，如图11-42所示。

步骤02　在【动作】面板中，单击【创建新动作】按钮，如图11-43所示。

图11-42　玫瑰人物图像

图11-43　创建新动作

步骤03　在【新建动作】对话框中，设置【名称】为"添加文字说明"；单击【记录】按钮，如图11-44所示。

步骤04　选择【横排文字工具】，在图像中输入文字，在选项栏中，设置【字体】"为华文琥珀"，【字体大小】为"100点"，如图11-45所示。

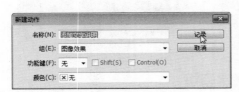

图11-44　【新建动作】对话框

图11-45　输入文字

步骤05　按【Ctrl+Enter】组合键完成文字输入，在【动作】面板中，自动记录当前的操作步骤，如图11-46所示。

步骤06　执行【类型】→【栅格化文字】命令，在【动作】面板中，自动记录当前的操作步骤，如图11-47所示。

图11-46　记录文字输入

图11-47　记录【栅格化文字】命令

步骤07 执行【滤镜】→【模糊】→【高斯模糊】命令，在【高斯模糊】对话框中，设置【半径】为"2像素"，单击【确定】按钮，如图11-48所示。

步骤08 在【动作】面板中，自动记录当前的高斯模糊操作步骤，如图11-49所示。

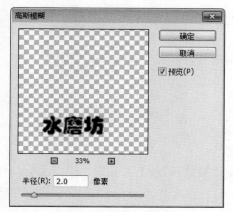

图11-48 【高斯模糊】对话框

图11-49 记录【高斯模糊】命令

步骤09 执行【图像】→【调整】→【色相/饱和度】命令，勾选【着色】选项，设置【色相】为"218"，【饱和度】为"81"，【明度】为"38"，单击【确定】按钮，如图11-50所示。

步骤10 在【动作】面板中，自动记录当前【色相/饱和度】操作步骤，如图11-51所示。

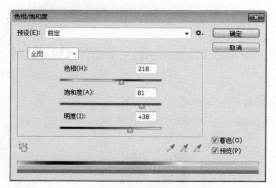

图11-50 【色相/饱和度】对话框

图11-51 记录【色相/饱和度】命令

步骤11 执行【文件】→【存储】命令，在【另存为】对话框中，选择文件存储位置，单击【保存】按钮，如图11-52所示。

步骤12 执行【文件】→【关闭】命令，关闭当前文件，在【动作】面板中记录相应操作，如图11-53所示。

图 11-52 选择文字存储位置

图 11-53 记录【关闭】命令

步骤13 在【动作】面板中，单击【停止播放/记录】按钮■，停止录制动作，如图11-54所示。

步骤14 打开网盘中"素材文件\第11章\背影.jpg"文件，如图11-55所示。

图 11-54 停止录制动作

图 11-55 打开背影图像

步骤15 在【动作】面板中，单击前面录制的【添加文字说明】动作，单击【播放选定的动作】按钮▶，如图11-56所示。

步骤16 系统自动播放动作，并保存到前面设置的保存路径中，如图11-57所示。

图 11-56 播放选定的动作

图 11-57 保存文件

● 同步训练——批处理怀旧图像效果

通过上机实战案例的学习，为了增强读者的的动手能力，下面安排一个同步训练案例，让读者达到举一反三、触类旁通的学习效果。

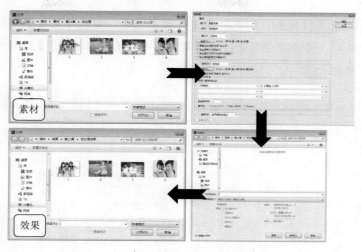

如果有大量的图像需要进行相同的操作，使用批处理命令可以简化工作，让耗时耗力的重复工作变得轻松，让用户有更多的时间去思考创意的设计，下面讲解批处理图像的具体操作方法。

本例首先在【动作】面板中，载入【图像效果】动作组，然后在【批处理】对话框中，设置动作、源文件夹和目标文件夹，确认操作后，系统自动完成效果。

步骤01 　执行【窗口】→【动作】命令，打开【动作】面板，单击右上角的【扩展】按钮，单击【图像效果】选项，载入【图像效果】动作组，如图11-58所示。

步骤02 　执行【文件】→【自动】→【批处理】命令，打开【批处理】对话框，单击【组】列表框，选择【图像效果】动作组。在【播放】栏中，单击【动作】列表框，选择【仿旧照片】动作选项，如图11-59所示。

图11-58　选择图像效果

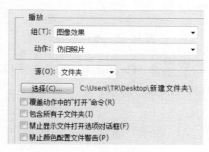

图11-59　设置动作

步骤03 在【源】栏中选择【文件夹】选项，单击【选择】按钮，打开【浏览文件夹】对话框。选择网盘中第11章素材文件中的【批处理】文件夹，单击【确定】按钮，如图11-60所示。

步骤04 在【目标】栏中选择【文件夹】选项，单击【选择】按钮，打开【浏览文件夹】对话框。选择网盘中第11章结果文件中的【批处理结果】文件夹，单击【确定】按钮，如图11-61所示。

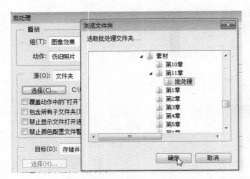

图 11-60　设置源文件夹

图 11-61　设置目标文件夹

步骤05 在【批处理】对话框中，设置好参数后，单击【确定】按钮，如图11-62所示。

步骤06 处理完 "1.jpg" 文件后，将弹出【另存为】对话框，用户可以重新选择存储位置、存储格式并重命名，单击【保存】按钮，如图11-63所示。

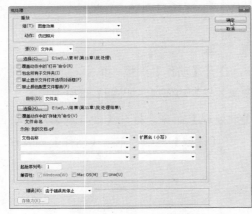

图 11-62　确认操作

图 11-63　【另存为】对话框

步骤07 Photoshop CC将继续自动处理图像，处理前效果如图11-64所示，处理后效果如图11-65所示。

图11-64　处理前效果

图11-65　处理后效果

知识能力测试

本章讲解了图像输出与处理自动化，为对知识进行巩固和考核，布置相应的练习题。

一、填空题

1. 完成图像处理后，可以将作品打印在纸张上。在【Photoshop打印设置】对话框中可以预览图像，选择_____、_____、_____和_____。

2. 在【动作】面板中，单击右上角的【扩展】按钮，在打开的快捷菜单中，选择【回放选项】命令，可以设置动作的回放选项，包括_____、_____和_____三个选项。

3. 在Photoshop CC的【动作】面板中提供了多种预设动作，使用这些动作可以快速地制作_____、_____、_____和_____等。

二、选择题

1. 使用【切片选择工具】☑选择切片，单击其选项栏中的【划分】按钮，打开（   ）对话框，在对话框中可沿水平、垂直方向或同时沿这两个方向重新划分切片。

    A.【划分切片】　　　　　　　　　B.【提升切片】

    C.【修补工具】　　　　　　　　　D.【红眼工具】

2. 如果要使用当前的打印选项打印一份文件，可执行【文件】→【打印一份】命令或按（   ）组合键来操作，该命令无对话框。

    A.【Alt＋F9】　　　　　　　　　B.【Alt+Shift+Ctrl+P】

    C.【Alt＋F2】　　　　　　　　　D.【Alt＋F2】

3. 执行【图像】→【陷印】命令，打开【陷印】对话框，【宽度】代表了印刷时颜色向外扩张的距离。该命令仅用于（   ）模式的图像。

    A．索引模式　　　B．灰度模式　　　C．RGB模式　　　D．CMYK模式

三、简答题

1. 基于图层的切片和用户切片有什么区别？如何将普通切片转换为用户切片？

2. 陷印有什么作用？

CC
PHOTOSHOP

第12章
商业案例实训

　　Photoshop CC广泛应用于商业设计制作中，包括数码后期设计、商品包装设计、图像特效和界面设计等。本章主要通过几个实例的讲解，希望能够帮助用户加深对软件知识与操作技巧的理解，并熟练应用于商业案例中。

学习目标

- 熟练掌握图像的温馨色调调整方法
- 熟练掌握森水晶球特效制作方法
- 熟练掌握淑女坊女装宣传海报制作方法
- 熟练掌握牛奶包装盒设计制作方法
- 熟练掌握游戏滑块界面设计制作方法

12.1 调出图像温馨色调

如果素材图片主色不明显，图像没有强烈的对比色调，整体吸引力就会降低，通过后期处理可以重塑这种吸引力。

思路分析

本例首先使用【曲线】等命令给图片暗部及中间调增加青绿色；然后加强图片对比度和局部色调调整，最后在透光位置增加橙红色高光，得到最终效果。

制作步骤

步骤01 打开网盘中"素材文件\第12章\婚纱照.jpg"文件，如图12-1所示。

步骤02 在【调整】面板中，单击【创建新的曲线调整图层】按钮，创建曲线调整图层，在【属性】面板中，选择【红】通道，调整曲线形状，如图12-2所示。选择【蓝】通道，调整曲线形状，如图12-3所示。

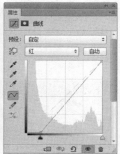

图12-1　原图　　　　图12-2　调整红通道　图12-3　调整蓝通道

步骤03 通过前面的操作，给图像暗部增加绿色，高光部分增加淡黄色，如图12-4所示。

步骤04 按【Ctrl+Alt+2】组合键调出高光选区，按【Ctrl+Shift+I】组合键进行反选，得到暗部选区，然后创建曲线调整图层，如图12-5所示。

图12-4　曲线调整效果

图12-5　暗部选区

步骤05　在【属性】面板中，选择【RGB】通道，调整曲线形状，如图12-6所示。选择【红】通道，调整曲线形状，如图12-7所示。

步骤06　通过前面的操作，调亮图像暗部，并增加绿色，如图12-8所示。

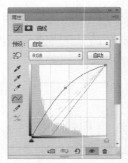
图12-6　调整RGB通道

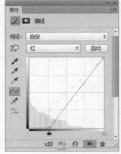
图12-7　调整红通道

图12-8　调整图像暗部

步骤07　创建【可选颜色】调整图层，在【属性】面板中，设置红色值"-32%，0%，0%，0%"，如图12-9所示。设置黄色值"-50%，13%，74%，14%"，如图12-10所示。设置绿色值"97%，-15%，43%，13%"，如图12-11所示。设置白色值"44%，-9%，-6%，0%"，如图12-12所示。

图12-9　设置红色值

图12-10　设置黄色值

图12-11　设置绿色值

图12-12　设置白色值

步骤08 继续在【属性】面板中，设置中性色值"11%，0%，0%，0%"，如图12-13所示。设置黑色值"14%，8%，-4%，0%"，如图12-14所示。

步骤09 通过前面的操作，为照片增加青绿色，效果如图12-15所示。

图12-13 设置中性色值　图12-14 设置黑色值　　　　图12-15 增加青绿色

步骤10 创建曲线调整图层，选择【RGB】通道，调整曲线形状如图12-16所示。选择【红】通道，调整曲线形状如图12-17所示。

步骤11 通过前面的操作，增加图像对比度，给高光增加红色，暗部增加绿色，效果如图12-18所示。

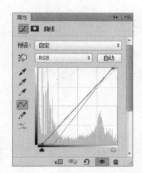 

图12-16 调整RGB曲线 图12-17 调整红通道　　　　图12-18 曲线调整效果

步骤12 执行【图层】→【新建填充图层】→【纯色】命令，在【新建图层】对话框中，单击【确定】按钮，如图12-19所示。

步骤13 在【拾色器（纯色）】对话框中，设置颜色值为"深黄色#C36c0d"，单击

图12-19 【新建图层】对话框

【确定】按钮，如图12-20所示。在【图层】面板中，单击选中【图层蒙版】，将蒙版填充为黑色，隐藏颜色填充效果，如图12-21所示。

步骤14 选择【画笔工具】，设置前景色为"白色"，在右侧涂抹修改蒙版，如图12-22所示。更改图层混合模式为"滤色"，效果如图12-23所示。

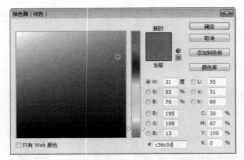

图 12-20 【拾色器（纯色）】对话框　　　　图 12-21 【图层】面板

图 12-22 修改图层蒙版　　　　　图 12-23 更改图层混合模式

12.2 森林水晶球特效制作

森林水晶球不仅外观通透、具有美感，而且还被赋予了自然的韵味。下面介绍如
何制作森林水晶球特效。

素材

效果

思路分析

本例首先用【结果选区工具】和【滤镜命令】制作玻璃球效果；然后添加人物素材，
使用图层蒙版拼合素材，得到最终效果。

制作步骤

步骤01　打开网盘中"素材文件\第12章\森林.jpg"文件，选择【椭圆选框工

具】 ，按住【Shift】键拖动鼠标创建正圆选区，如图12-24所示。

步骤02 按两次【Ctrl+J】组合键，复制两个图层。隐藏【图层1拷贝】图层，选中【图层1】，如图12-25所示。

图12-24 创建选区

图12-25 复制图层

步骤03 按住【Ctrl】键，单击【图层1】缩览图，载入图层选区。执行【滤镜】→【扭曲】→【球面化】命令，设置【数量】为"100%"，单击【确定】按钮，如图12-26所示。

步骤04 按住【Ctrl+F】组合键，重复执行【球面化】命令，加强滤镜效果，如图12-27所示。

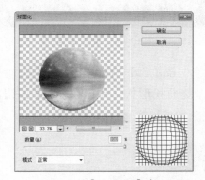

图12-26 【球面化】命令

图12-27 球面化效果

步骤05 显示并选中【图层1拷贝】图层，如图12-28所示。执行【滤镜】→【扭曲】→【旋转扭曲】命令，设置【角度】为"999度"，单击【确定】按钮，如图12-29所示。

图12-28 显示图层

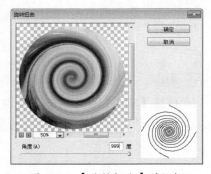

图12-29 【旋转扭曲】对话框

步骤06 执行【选择】→【修改】→【收缩】命令，设置【收缩量】为"30像素"，单击【确定】按钮，如图12-30所示。

步骤07 执行【选择】→【修改】→【羽化】命令，设置【羽化半径】为"20像素"，单击【确定】按钮，如图12-31所示。

图12-30 【收缩选区】对话框

图12-31 【羽化选区】对话框

步骤08 按【Delete】键删除图像，如图12-32所示。按【Ctrl+D】组合键取消选区，如图12-33所示。

图12-32 删除图像

图12-33 取消选区

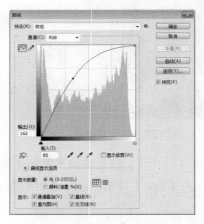
图12-34 【曲线】对话框

步骤09 按【Ctrl+M】组合键，执行【曲线】命令，调整曲线形状，单击【确定】按钮，如图12-34所示。效果如图12-35所示。

图12-35 图像效果

步骤10 打开网盘中"素材文件\第12章\舞蹈.jpg"文件，选择【椭圆选框工具】，按住【Shift】键拖动鼠标创建正圆选区，如图12-36所示。复制粘贴到目标图像中，按【Ctrl+T】组合键，执行自由变换操作，适当缩小图像，如图12-37所示。

图12-36 创建正圆选区

图12-37 缩小图像

步骤11 为"图层2"添加图层蒙版，使用黑色【画笔工具】 ✐修改蒙版，如图12-38所示。在【图层】面板中，更改【图层2】填充值为"70%"，如图12-39所示。

图12-38 添加并修改图层蒙版　　　　　图12-39 【图层】面板

步骤12 调整填充值后，图像效果如图12-40所示。选中【图层1】和【图层1拷贝】图层，如图12-41所示。按【Alt+Ctrl+E】组合键，盖印图层，生成【图层1拷贝（合并）】图层，如图12-42所示。

图12-40 图像效果　　　图12-41 选择图层　　图12-42 盖印图层

步骤13 拖动【图层1拷贝（合并）】到【图层2】上方，如图12-43所示。更改【图层1拷贝（合并）】图层混合模式为"饱和度"，如图12-44所示。最终效果如图12-45所示。

图 12-43　调整图层顺序　图 12-44　更改混合模式　　　图 12-45　最终效果

12.3　淑女坊女装宣传海报

海报广告首先要主题鲜明，让观众一眼明白设计要表达的意图。其次，版面的和谐和美观也是不可忽视的，下面介绍如何制作淑女坊女装宣传海报。

思路分析

本例首先制作海报背景图像，然后添加文字表达主题，最后添加装饰元素丰富画面，得到最终效果。

制作步骤

步骤01　按【Ctrl+N】组合键，执行【新建】命令，设置【宽度】为"35厘米"，【高度】为"21厘米"，单击【确定】按钮，如图 12-46 所示。

步骤02　打开网盘中"素材文件\第12章\红树林.jpg"文件，按【Ctrl+A】组合键全选图像，按【Ctrl+C】组合键复制图像，如图 12-47 所示。

图12-46 【新建】对话框　　　　　　　　图12-47 复制图像

步骤03　切换回新建文件中，按【Ctrl+V】组合键粘贴图像，并移动到适当位置，命名为【底图】，如图12-48所示。

步骤04　打开网盘中"素材文件\第12章\花瓣1.tif"文件，将其拖动到当前文件中，并移动适当位置，如图12-49所示。

图12-48 底图效果　　　　　　　　图12-49 添加花瓣1

步骤05　打开网盘中"素材文件\第12章\花瓣2.tif"文件，将其拖动到当前文件中，并移动到适当位置，如图12-50所示。

步骤06　打开网盘中"素材文件\第12章\人物.tif"文件，将其拖动到当前文件中，并移动到适当位置，如图12-51所示。

图12-50 添加花瓣2　　　　　　　　图12-51 添加人物

步骤07　选择【矩形选框工具】，拖动鼠标创建矩形选区，填充洋红色

#e95389，如图12-52所示。

步骤08 选择【套索工具】，拖动鼠标创建自由形状选区，如图12-53所示。

图12-52 创建矩形对象 　　　　图12-53 创建自由形状选区

步骤09 按【Shift+F6】组合键，执行【羽化选区】命令，设置【羽化半径】为"50像素"，单击【确定】按钮，如图12-54所示。为选区填充白色，如图12-55所示。

图12-54 【羽化选区】对话框 　　　图12-55 填充白色

步骤10 在【图层】面板中，更改【矩形】图层不透明度为"80%"，如图12-56所示。通过前面的操作，得到矩形的透明效果，如图12-57所示。

图12-56 【图层】面板 　　　　图12-57 透明效果

步骤11 打开网盘中"素材文件\第12章\花束.tif"文件，将其拖动到当前文件中，并移动到适当位置，如图12-58所示。

步骤12 选择【矩形工具】，在选项栏中，选择【形状】选项，设置【填充】为"无"，【描边】为"咖啡色#885a36"，【描边宽度】为"1点"，在【描边选项】下拉列表框中，选择【虚线描边】类型，单击【更多选项】按钮，如图12-59所示。

图 12-58 添加花束

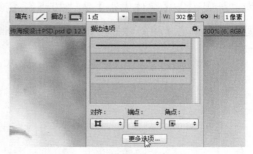

图 12-59 设置形状属性

步骤13 在【描边】对话框中，设置【虚线】为"3"，【间隙】为"4"，单击【确定】按钮，如图12-60所示。拖动鼠标在图像中绘制两条虚线，如图12-61所示。

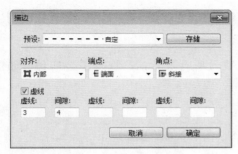

图 12-60 【描边】对话框

图 12-61 绘制虚线

步骤14 选择【横排文字工具】，在图像中输入文字"淑女"，在选项栏中，设置【字体】为"微软雅黑"，【字体大小】为"68点"，【文字颜色】为"黑色"，如图12-61所示。

步骤15 继续输入"Good brand style"，"精品范儿"和其他文字，字体分别为"palace script MT 和华文细黑"，调整到适当的字体大小，文字颜色为"深黄色#673706和黑色"，如图12-62所示。

图 12-61 输入文字

图 12-62 输入文字

步骤16 打开网盘中"素材文件\第12章\蝴蝶人.tif"文件，将其拖动到当前文件中，并移动到适当位置，如图12-63所示。

步骤17 使用【横排文字工具】 在图像中输入文字 "人气推荐",设置【字体】为 "长美黑",【字体大小】为 "30点",【文字颜色】为 "深黄色#552d04",在【字符】面板中,单击【仿斜体】按钮 ,如图12-64所示。

图 12-63 添加蝴蝶人

图 12-64 输入文字

步骤18 打开网盘中 "素材文件\第12章\飘动的花瓣.tif" 文件,将其拖动到当前文件中,并移动到适当位置,如图12-65所示。

步骤19 选择【自定形状工具】 ,载入所有形状后,选择【会话1】,如图12-66所示。

图 12-65 添加飘动的花瓣

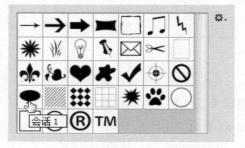

图 12-66 选择形状

步骤20 在选项栏中,选择【路径】选项,拖动鼠标绘制路径,如图12-67所示。使用路径调整工具调整路径形状,如图12-68所示。

图 12-67 绘制路径

图 12-68 调整路径形状

步骤21 新建【气泡】图层，按【Ctrl+Enter】组合键，将路径转换为选区，填充红色 #e72061，如图 12-69 所示。

步骤22 双击【气泡】图层，在【图层样式】对话框中，勾选【斜面和浮雕】选项，设置【样式】为"内斜面"，【方法】为"平滑"，【深度】为"100%"，【方向】为"上"，【大小】为"5像素"，【软化】为"0像素"，【角度】为"120度"，【高度】为"30度"，【高光模式】为"滤色"，【不透明度】为"75%"，【阴影模式】为"正片叠底"，【不透明度】为"75%"，如图 12-70 所示。

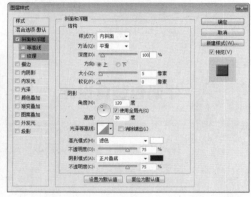

图 12-69　填充颜色　　　　　　图 12-70　设置【斜面和浮雕】以及【阴影】选项

步骤23 在【图层样式】对话框中，勾选【投影】选项，设置【不透明度】为"75%"，【角度】为"120度"，【距离】为"5像素"，【扩展】为"0%"，【大小】为"5像素"，勾选【使用全局光】选项，如图 12-71 所示。通过前面的操作，图像效果如图 12-72 所示。

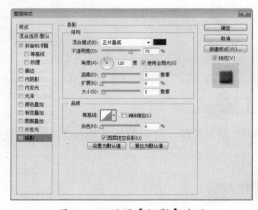

图 12-71　设置【投影】选项　　　　　　图 12-72　图像效果

步骤24 选择【横排文字工具】Ｔ，在图像中输入文字"夏季新品"。在选项栏中，设置【字体】为"黑体"，【字体大小】为"43点"，【文字颜色】为"白色"，如图 12-73 所示。

步骤25 从整体画面进行观察，调整各元素的位置，进行细节调整，最终效果如图12-74所示。

图12-73 添加文字   图12-74 最终效果

12.4 牛奶包装盒设计

牛奶营养丰富，是人们喜爱的饮品。因为牛奶品牌种类繁多，所以在追求牛奶自身品质的同时，营造产品形象和特色的包装设计就变得十分重要。下面介绍如何制作牛奶包装盒设计。

效果

思路分析

本例首先制作包装立体图，然后添加画面和文字内容，最后制作意境图，得到最终效果。

制作步骤

步骤01 按【Ctrl+N】组合键，执行【新建】命令，设置【宽度】为"16厘米"，【高度】为"16厘米"，单击【确定】按钮，如图12-75所示。

步骤02 新建图层，命名为【包装正面】。选择【矩形选框工具】▣，拖动鼠标创建矩形选区，执行【选择】→【变换选区】命令，右击鼠标，选择【扭曲】命令，变换选区，效果如图12-76所示。

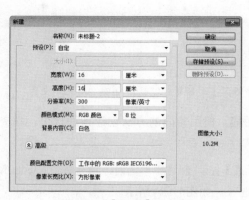

图12-75 【新建】对话框

图12-76 创建并变换选区

步骤03 选择【渐变工具】▣，在选项栏中，单击【渐变色条】，在打开的【渐变编辑器】对话框中，设置【色标】为"橙#fed910，浅黄#fff7cb，白"，如图12-77所示。拖动鼠标填充渐变色，如图12-78所示。

图12-77 【渐变编辑器】对话框

图12-78 填充渐变色

步骤04 新建图层，命名为【包装侧面】。使用相同的方法创建侧面选区，如图12-79所示。

步骤05 选择【渐变工具】▣，在选项栏中，单击【渐变色条】，在打开的【渐变编辑器】对话框中，设置【色标】为"橙#fed910，浅黄#fff7cb，白，灰#dad9da"，如图12-80所示。拖动鼠标填充渐变色，如图12-81所示。

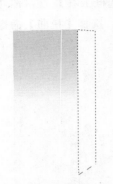  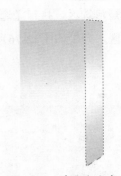

图 12-79　创建选区　　　　图 12-80　【渐变编辑器】对话框　　　　图 12-81　填充渐变色

步骤06　新建图层，命名为【包装顶面】。使用相同的方法创建顶面选区，填充橙色#fe9b0d，如图 12-82 所示。

步骤07　新建图层，选择【矩形选框工具】，创建矩形选区，填充黄色# fedb0f，如图 12-83 所示。按【Ctrl+D】组合键，取消选区，如图 12-84 所示。

图 12-82　创建橙色选区　　　　图 12-83　创建黄色选区　　　　图 12-84　取消选区

步骤08　执行【滤镜】→【模糊】→【动感模糊】命令，设置【角度】为"10度"，【距离】为"240 像素"，单击【确定】按钮，如图 12-85 所示。调整大小和角度，效果如图 12-86 所示。按【Ctrl+E】组合键，向下合并图层，如图 12-87 所示。

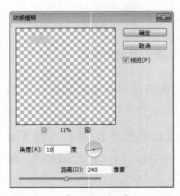  

图 12-85　【动感模糊】对话框　　　图 12-86　调整大小和角度　　　图 12-87　合并图层

步骤09 新建图层，命名为【包装提手】。使用相同的方法创建包装提手，如图12-88所示。

步骤10 新建图层，命名为【侧面阴影1】。选择【多边形套索工具】创建选区，选择【画笔工具】，选择300像素的柔边圆画笔，绘制浅灰色#c8c8c8，如图12-89所示。使用相同的方法创建【侧面阴影2】，如图12-90所示。

图12-88 创建包装提手　　　图12-89 绘制侧面阴影1　　　图12-90 绘制侧面阴影2

步骤11 新建图层，命名为【包装侧面2】。选择【多边形套索工具】创建选区，填充橙色# fea40d，如图12-91所示。

步骤12 按住【Ctrl】键，单击【包装正面】图层，载入图层选区，如图12-92所示。选择【渐变工具】，设置前景色为"浅橙色#fbc311"，在选项栏中，单击【渐变色条】右侧的按钮，在下拉面板中，选择【前景色到透明渐变】，如图12-93所示。

图12-91 创建包装侧面2　　　图12-92 选择并载入图层选区　　　图12-93 选择渐变

步骤13 拖动鼠标填充渐变色，如图12-94所示。

步骤14 复制【包装侧面】图层，命名为【侧面阴影】。按住【Ctrl】键，单击【包装侧面】图层，载入图层选区。选择【渐变工具】，设置前景色为"浅灰色# 8f8d8d"，在选项栏中，单击【渐变色条】右侧的按钮，在下拉面板中，选择【前景色到透明渐变】，如图12-95所示。

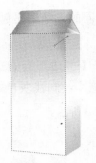

图 12-94　填充渐变色　　　　　　　　　　　　图 12-95　设置渐变色

步骤15　拖动鼠标填充渐变色，如图 12-96 所示。

步骤16　打开网盘中"素材文件\第 12 章\草地 .tif"文件，将其拖动到当前文件中，并移动到【包装正面】图层上方。执行【图层】→【创建剪贴蒙版】命令，创建剪贴蒙版，如图 12-97 所示。

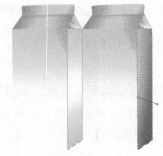

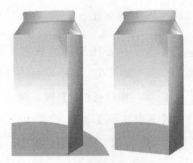

图 12-96　填充渐变色　　　　　　　　　　　　图 12-97　创建剪贴蒙版

步骤17　打开网盘中"素材文件\第 12 章\香橙 .tif"文件，将其拖动到当前文件中，并移动到【草地】图层上方，执行【图层】→【创建剪贴蒙版】命令，创建剪贴蒙版，如图 12-98 所示。

步骤18　打开网盘中"素材文件\第 12 章\奶牛 .tif"文件，将其拖动到当前文件中，并移动到适当位置，如图 12-99 所示。

图 12-98　创建剪贴蒙版　　　　　　　　　　　　图 12-99　添加奶牛

步骤19　选择【自定形状工具】 ，载入【自然】预设形状，选择【太阳2】，如图12-100所示。

步骤20　新建【太阳】图层，设置前景色为"黄色#fffa64"，在选项栏中，选择【像素】选项，拖动鼠标绘制太阳，如图12-101所示。

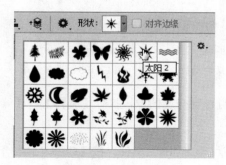

图12-100　选择形状　　　　　　　　图12-101　绘制形状

步骤21　双击【太阳】图层，在打开的【图层样式】对话框中，勾选【外发光】选项，【不透明度】为"100%"，【发光颜色】为"白色"，【扩展】为"15%"，【大小】为"50像素"，【范围】为"67%"，【抖动】为"0%"，如图12-102所示。外发光效果如图12-103所示。

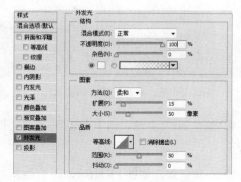

图12-102　设置外发光　　　　　　　图12-103　外发光效果

步骤22　选择【横排文字工具】 ，在图像中输入白色字母"Hey! milk"，设置【字体】为"琥珀体"，【字体大小】为"45点"和"30点"，如图12-104所示。

步骤23　双击文字图层，在【图层样式】对话框中，勾选【投影】选项，设置【不透明度】为"75%"，【角度】为"120度"，【距离】为"15像素"，【扩展】为"5%"，【大小】为"2像素"，勾选【使用全局光】选项，单击【确定】按钮，如图12-105所示。投影效果如图12-106所示。

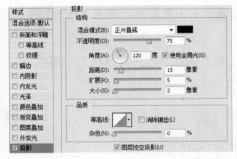

图 12-104　输入文字　　　　图 12-105　设置投影选项　　　　图 12-106　投影效果

步骤 24　隐藏背景图层，按【Ctrl+A】组合键全选图像，执行【编辑】→【合并拷贝】命令，如图 12-107 所示。

步骤 25　打开网盘中"素材文件\第 12 章\彩虹 .jpg"文件，按【Ctrl+V】组合键粘贴图像，命名为【效果图】。按【Ctrl+T】组合键，执行自由变换操作，适当缩小图像，如图 12-108 所示。

图 12-107　合并拷贝图像　　　　　　图 12-108　粘贴图像并调整大小

步骤 26　打开网盘中"素材文件\第 12 章\奶牛 .tif"文件，将其拖动到当前文件中，并调整大小、位置和方向，如图 12-109 所示。

步骤 27　复制"效果图"，调整效果图的大小和位置，如图 12-110 所示。

图 12-109　添加奶牛　　　　　　　　图 12-110　复制效果图

步骤 28　新建图层，命名为【投影】。移动到【背景】图层上方。使用【画笔工具】绘制黑色投影，如图 12-111 所示。

步骤29 执行【滤镜】→【模糊】→【动感模糊】命令，设置【角度】为"10度"，【距离】为"150像素"，单击【确定】按钮，如图12-112所示。

图12-111 绘制投影

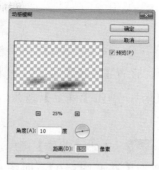

图12-112 【动感模糊】对话框

步骤30 更改【投影】图层不透明度为"30%"，如图12-113所示。最终效果如图12-114所示。

图12-113 【图层】面板

图12-114 最终效果

12.5 游戏滑块界面设计

对于游戏产业来说，精致美观的界面设计非常重要，它能够提升游戏的趣味性，使游戏对玩家更富有吸引力。下面介绍如何制作游戏滑块界面。

效果

思路分析

本例首先制作界面背景图，然后制作展示窗口，最后制作按钮，得到最终效果。

制作步骤

步骤01 按【Ctrl+N】组合键，执行【新建】命令，设置【宽度】为"21厘米"，【高度】为"14厘米"，单击【确定】按钮，如图12-115所示。

步骤02 双击【背景】图层，将【背景】图层转换为【普通图层0】，如图12-116所示。为背景图层填充浅灰色，如图12-117所示。

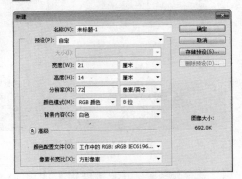

图12-115 【新建】对话框

图12-116 最终效果

图12-117 填充浅灰色

步骤03 双击【背景】图层，打开【图层样式】对话框，勾选【图案叠加】选项，设置【混合模式】为"正片叠底"，【图案】为"树叶图案纸"，【缩放】为"50%"，如图12-118所示。

步骤04 在【图层样式】对话框中，勾选【颜色叠加】选项，设置【混合模式】为"颜色"，颜色为"深绿色#046d31"，如图12-119所示。

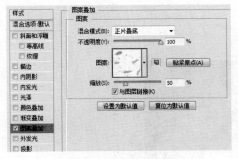

图12-118 设置图案叠加

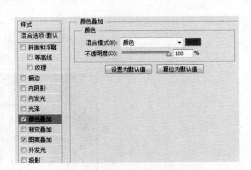

图12-119 设置颜色叠加

步骤05　添加图层样式后，得到背景图案，如图12-120所示。新建图层，命名为【描边】。使用【矩形选框工具】▥创建矩形选区，填充白色，如图12-121所示。

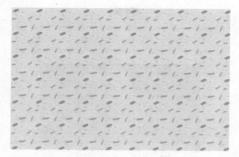

图12-120　背景图案

图12-121　创建选区并填充白色

步骤06　双击图层，在【图层样式】对话框中，勾选【描边】选项，设置【大小】为"1像素"，填充"颜色"为"深绿色#1f5b05"，如图12-122所示。

步骤07　新建图层，命名为【框架】。使用【矩形选框工具】▥创建矩形选区，填充任意颜色，如图12-123所示。

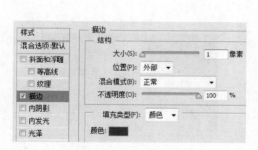

图12-122　设置描边选项

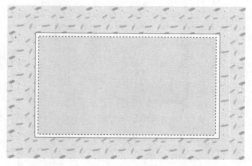

图12-123　创建选区并填充颜色

步骤08　新建图层，命名为【阴影】。选择【画笔工具】，设置【大小】为"23像素"，【硬度】为"0%"，拖动鼠标绘制阴影，如图12-124所示。

步骤09　更改【阴影】图层不透明度为"59%"，移动到【描边】图层下方，如图12-125所示。

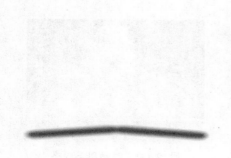

图12-124　绘制阴影

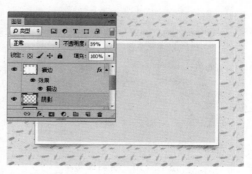

图12-125　调整不透明度和图层顺序

步骤10　打开网盘中"素材文件\第12章\卡通女.jpg"文件，将其拖动到当前文件中，并命名为【卡通女】，如图12-126所示。执行【图层】→【创建剪贴蒙版】命令，效果如图12-127所示。

图 12-126　添加素材

图 12-127　创建剪贴蒙版

步骤11　按【Ctrl+M】组合键，执行【曲线】命令，调整曲线形状，如图12-128所示。通过前面的操作，调亮图像，效果如图12-129所示。

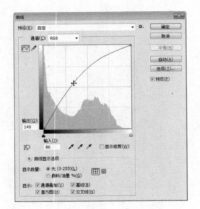

图 12-128　【曲线】对话框

图 12-129　图像效果

步骤12　选择【椭圆工具】，在选项栏中，选择【形状】选项，绘制白色图形，命名为【左圆】，如图12-130所示。右击【描边】图层，选择【拷贝图层样式】命令，右击【左圆】图层，选择【粘贴图层样式】命令，移动到【描边】图层上方，如图12-131所示。

图 12-130　绘制圆形

图 12-131　移动图层顺序

步骤13 选择【自定形状工具】，载入【箭头】形状组后，单击【箭头2】，如图12-132所示。在左侧绘制两个黑色箭头，如图12-133所示，选中三个形状图层，按住【Alt】键，拖动复制到右侧适当位置，并水平翻转对象，如图12-134所示。

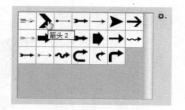

图12-132 选择形状

图12-133 绘制黑色箭头   图12-134 复制并水平翻转对象

步骤14 选择【圆角矩形工具】，设置【半径】为"10像素"，拖动鼠标绘制形状，命名为【按钮底图】，如图12-135所示。双击【按钮底图】图层，在【图层样式】对话框中，勾选【描边】选项，设置【大小】为"2像素"，【不透明度】为"55%"，【颜色】为"浅灰色#a7a7a7"，如图12-136所示。

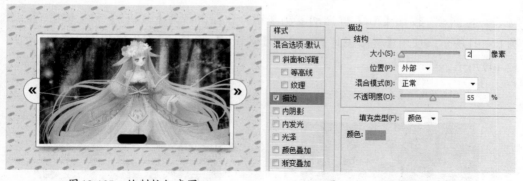

图12-135 绘制按钮底图   图12-136 设置描边选项

步骤15 更改图层【混合模式】为"正片叠底"，【不透明度】为"69%"，【填充】为"58%"，如图12-137所示。

步骤16 使用【椭圆工具】绘制【按钮1】形状图层。双击该图层，在【图层样式】对话框中，勾选【描边】选项，设置【大小】为"1像素"，【颜色】为"浅灰色"，如图12-138所示。

图 12-137　图像效果

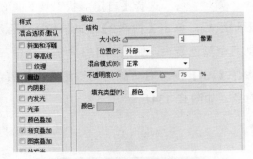

图 12-138　设置描边选项

步骤17　在【图层样式】对话框中，勾选【渐变叠加】选项，【颜色】为"浅灰色#ced0d7到白色"，如图12-139所示，图像效果如图12-140所示。

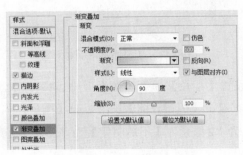

图 12-139　设置渐变叠加

图 12-140　图像效果

步骤18　按住【Alt】键拖动复制按钮，分别命名为【按钮2】和【按钮3】，如图12-141所示。使用【椭圆工具】 绘制【按钮4】形状，填充为红色，最终效果如图12-142所示。

图 12-141　复制图层

图 12-142　最终效果

PHOTOSHOP

附录A
Photoshop CC工具与
快捷键索引

工具快捷键

工具名称	快捷键	工具名称	快捷键
移动工具	V	矩形选框工具	M
椭圆选框工具	M	套索工具	L
多边形套索工具	L	磁性套索工具	L
快速选择工具	W	魔棒工具	W
吸管工具	I	颜色取样器工具	I
标尺工具	I	注释工具	I
透视裁剪工具	C	裁剪工具	C
切片选择工具	C	切片工具	C
修复画笔工具	J	污点修复画笔工具	J
修补工具	J	内容感知移动工具	J
画笔工具	B	红眼工具	J
颜色替换工具	B	铅笔工具	B
仿制图章工具	S	混合器画笔工具	B
历史记录画笔工具	Y	图案图章工具	S
橡皮擦工具	E	历史记录艺术画笔工具	Y
魔术橡皮擦工具	E	背景橡皮擦工具	E
油漆桶工具	G	渐变工具	G
加深工具	O	减淡工具	O
钢笔工具	P	海绵工具	O
横排文字工具	T	自由钢笔工具	P
横排文字蒙版工具	T	直排文字工具	T
路径选择工具	A	直排文字蒙版工具	T
矩形工具	U	直接选择工具	A
椭圆工具	U	圆角矩形工具	U
直线工具	U	多边形工具	U
抓手工具	H	自定形状工具	U
缩放工具	Z	旋转视图工具	R
前景色/背景色互换	X	默认前景色/背景色	D
切换屏幕模式	F	切换标准/快速蒙版模式	Q
临时使用吸管工具	Alt	临时使用移动工具	Ctrl
减小画笔大小	[	临时使用抓手工具	空格
减小画笔硬度	{	增加画笔大小	]
选择上一个画笔	,	增加画笔硬度	}
选择第一个画笔	<	选择下一个画笔	,
选择最后一个画笔	>		

附录 B

Photoshop CC 命令与
快捷键索引

1.【文件】菜单快捷键

文件命令	快捷键	文件命令	快捷键
新建	Ctrl+N	打开	Ctrl+O
在 Bridge 中浏览	Alt+Ctrl+O Shift+Ctrl+O	打开为	Alt+Shift+Ctrl+O
关闭	Ctrl+W	关闭全部	Alt+Ctrl+W
关闭并转到 Bridge	Shift+Ctrl+W	存储	Ctrl+S
存储为	Shift+Ctrl+S Alt+Ctrl+S	存储为 Web 所用格式	Alt+Shift+Ctrl+S
恢复	F12	文件简介	Alt+Shift+Ctrl+I
打印	Ctrl+P	打印一份	Alt+Shift+Ctrl+P
退出	Ctrl+Q		

2.【编辑】菜单快捷键

编辑命令	快捷键	编辑命令	快捷键
还原／重做	Ctrl+Z	前进一步	Shift+Ctrl+Z
后退一步	Alt+Ctrl+Z	渐隐	Shift+Ctrl+F
剪切	Ctrl+X 或 F2	拷贝	Ctrl+C 或 F3
合并拷贝	Shift+Ctrl+C	粘贴	Ctrl+V 或 F4
原位粘贴	Shift+Ctrl+V	贴入	Alt+Shift+Ctrl+V
填充	Shift+F5	内容识别比例	Alt+Shift+Ctrl+C
自由变换	Ctrl+T	再次变换	Shift+Ctrl+T
颜色设置	Shift+Ctrl+K	键盘快捷键	Alt+Shift+Ctrl+K
菜单	Alt+Shift+Ctrl+M	首选项	Ctrl+K

3.【图像】菜单快捷键

图像命令	快捷键	图像命令	快捷键
色阶	Ctrl+L	曲线	Ctrl+M
色相／饱和度	Ctrl+U	色彩平衡	Ctrl+B
黑白	Alt+Shift+Ctrl+B	反相	Ctrl+I
去色	Shift+Ctrl+U	自动色调	Shift+Ctrl+L
自动对比度	Alt+Shift+Ctrl+L	自动颜色	Shift+Ctrl+B
图像大小	Alt+Ctrl+I	画布大小	Alt+Ctrl+C

4.【图层】菜单快捷键

图层命令	快捷键	图层命令	快捷键
新建图层	Shift+Ctrl+N	新建通过拷贝的图层	Ctrl+J

续表

图层命令	快捷键	图层命令	快捷键
新建通过剪切的图层	Shift+Ctrl+J	创建/释放剪贴蒙版	Alt+Ctrl+G
图层编组	Ctrl+G	取消图层编组	Shift+Ctrl+G
置为顶层	Shift+Ctrl+]	前移一层	Ctrl+]
后移一层	Ctrl+[	置为底层	Shift+Ctrl+[
合并图层	Ctrl+E	合并可见图层	Shift+Ctrl+E
盖印选择图层	Alt+Ctrl+E	盖印可见图层到当前层	Alt+Shift+Ctrl+A

6.【选择】菜单快捷键

选择命令	快捷键	选择命令	快捷键
全部选取	Ctrl+A	取消选择	Ctrl+D
重新选择	Shift+Ctrl+D	反向	Shift+Ctrl+I Shift+F7
所有图层	Alt+Ctrl+A	调整边缘	Alt+Ctrl+R
羽化	Shift+F6	查找图层	Alt+Shift+Ctrl+F

7.【滤镜】菜单快捷键

滤镜命令	快捷键	滤镜命令	快捷键
上次滤镜操作	Ctrl+F	镜头校正	Shift+Ctrl+R
液化	Shift+Ctrl+X	消失点	Alt+Ctrl+V
自适应广角	Shift+Ctrl+A		

8.【视图】菜单快捷键

视图命令	快捷键	视图命令	快捷键
校样颜色	Ctrl+Y	色域警告	Shift+Ctrl+Y
放大	Ctrl++ 或 Ctrl+=	缩小	Ctrl+-
按屏幕大小缩放	Ctrl+0	实际像素	Ctrl+1 Alt+Ctrl+0
显示额外内容	Ctrl+H	显示目标路径	Shift+Ctrl+H
显示网格	Ctrl+'	显示参考线	Ctrl+;
标尺	Ctrl+R	对齐	Shift+Ctrl+;
锁定参考线	Alt+Ctrl+;		

9.【窗口】菜单快捷键

窗口命令	快捷键	窗口命令	快捷键
动作面板	Alt+F9 或 F9	画笔面板	F5

续表

窗口命令	快捷键	窗口命令	快捷键
图层面板	F7	信息面板	F8
颜色面板	F6		

10.【帮助】菜单快捷键

帮助命令	快捷键
Photoshop 帮助	F1

附录 C
下载、安装和卸载
Photoshop CC

1．获取软件安装程序的途径

要在电脑中安装需要的软件，首先需要获取到软件的安装文件，或称为安装程序。目前获取软件安装文件的途径主要有以下3种。

（1）购买软件光盘

这是获取软件最正规的渠道。当软件厂商发布软件后，即会在市面上销售软件光盘，我们只要购买到光盘，然后放入电脑光驱中进行安装就可以了。这种途径的好处在于能够保证获得正版软件，能够获得软件的相关服务，以及能够保证软件使用的稳定性与安全性（如没有附带病毒、木马等）。当然，一些大型软件光盘价格不菲，我们需要支付一定的费用。

（2）通过网络下载

这是很多用户最常用的软件获取方式，对于联网的用户来说，通过专门的下载网站、软件的官方下载站点都能够获得软件的安装文件。通过网络下载的好处在于无需专门购买，不必支付购买费用（共享软件有一定时间的试用期）。缺点在于软件的安全性与稳定性无法保障，可能携带病毒或木马等恶意程序，以及部分软件有一定的使用限制等。

（3）从其他电脑复制

如果其他电脑中保存有软件的安装文件，那么就可以通过网络或者移动存储设备拷贝到电脑中进行安装。

2．安装软件前的准备

准备好软件的安装程序后就可以安装软件了，在进行安装之前最好了解一下安装序列号和安装引导程序，这是安装大部分软件时都要涉及到的问题。

（1）如何获取安装序列号

安装序列号又叫注册码，许多收费软件在安装软件过程中都必须输入正确的安装序列号才能进行安装。

如果是购买的安装光盘，应仔细查看安装光盘的包装，软件商通常将安装序列号印刷在安装光盘的包装盒上；如果是网上下载的软件，则应注意阅读其中的安装说明文件，一般在名为"CN""sn""key"或"README"等文件中可以找到其安装序列号。

（2）如何找到安装向导文件

在安装软件时，需要运行一个安装向导文件，在安装程序中，名为"setup.exe"或"install.exe"的可执行文件就是安装向导文件，也有些安装向导文件以软件本身的名称命名（如小型软件的安装程序中只有一个文件，它同时也是安装向导文件）。

安装向导文件的图标也多种多样，双击安装图标即可启动安装向导，然后根据对话框的提示进行软件的安装。

3．软件安装过程

Photoshop CC安装过程较长，需要一些耐心。如果电脑中已经有其他版本的

Photoshop软件，在进行新版本的安装前，不需要卸载其他版本，但需要将运行的软件关闭。具体安装步骤如下。

步骤01 打开 Photoshop CC 安装文件所在的文件夹，双击压缩文件图标，运行安装程序，如图C-1所示。弹出文件夹位置界面，选择解压缩文件的存储位置，单击【下一步】按钮，如图C-2所示。

图 C-1 运行安装程序

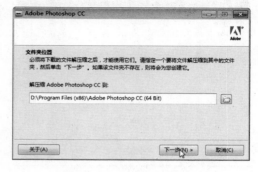

图 C-2 选择存储位置

步骤02 系统自动进行文件解压，并显示解压进度条，如图C-3所示。解压完成后，在目标文件夹中，双击【Setup.exe】图标，运行安装程序，如图C-4所示。

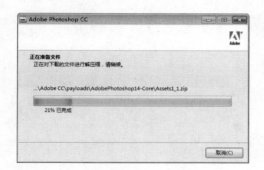

图 C-3 显示解压进度条

图 C-4 运行安装程序

步骤03 解压完成后，显示欢迎窗口，单击【安装】图标，如图C-5所示。

步骤04 进入【Adobe 软件许可协议】窗口，单击【接受】按钮，如图C-6所示。

图 C-5 欢迎窗口

图 C-6 【Adobe 软件许可协议】窗口

步骤05 在弹出的窗口中，输入正确的序列号，单击【下一步】按钮，如图C-7 所示。

步骤06 在弹出的【选项】窗口中，选择选择程序和安装位置，单击【安装】按钮，如图C-8所示。

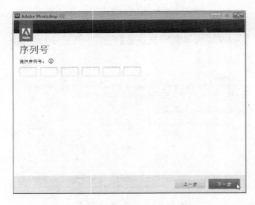

图 C-7 输入序列号　　　　　　　　　　　图 C-8 选择程序安装位置

步骤07 系统自行安装软件时，对话框中会显示安装进度，安装过程需要较多时间，如图C-9所示。

步骤08 当安装完成时，弹出的窗口中会提示此次安装完成。单击右下角【完成】按钮即可关闭窗口，如图C-10所示。

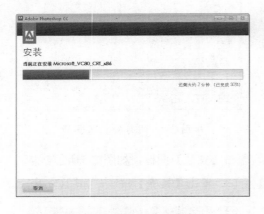

图 C-9 显示安装进度条　　　　　　　　　图 C-10 安装完成

1．软件卸载过程

当不再使用Photoshop CC软件时，可以将其卸载，以节约硬盘空间，卸载软件需要使用Windows的卸载程序，具体操作步骤如下。

步骤01 打开Windows控制面板，单击【程序】图标，如图C-11所示。【程序】界面中，在【程序和功能】选项，单击【卸载程序】文本，如图C-12所示。

图 C-11　单击【程序】图标

图 C-12　单击【卸载】按钮

步骤02　在打开的【卸载或更改程序】界面中，双击 Adobe Illustrator CC 软件，如图 C-13 所示。弹出卸载选项界面，勾选【删除首选项】复选项，单击【卸载】按钮，如图 C-14 所示。

图 C-13　双击 Adobe photoshop CC 软件

图 C-14　【卸载选项】界面

步骤03　弹出卸载界面，并显示卸载进度条，如图 C-15 所示。完成卸载后，进行卸载完成界面，单击【关闭】按钮即可，如图 C-16 所示。

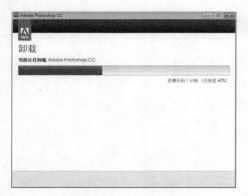

图 C-15　卸载进度条

图 C-16　卸载完成

CC
PHOTOSHOP

附录 D
综合上机实训题

为了强化学生的上机操作能力，专门安排了以下上机实训项目，老师可以根据教学进度与教学内容，合理安排学生上机训练操作的内容。

实训一：改变人物衣服颜色

在 Photoshop CC 中，制作如图 D-1 所示的改变人物衣服颜色效果对比。

素材文件	素材文件\综合上机实训素材文件\实训一.jpg
结果文件	结果文件\综合上机实训结果文件\实训一jpg

图 D-1　效果对比

操作提示

在改变人物衣服颜色实例操作中，主要使用了色相/饱和度命令、色彩平衡、多边形套索工具等知识内容。主要操作步骤如下。

（1）打开下载资源中的素材文件"实训一.jpg"。

（2）选择工具箱中的【快速选择工具】，选择人物衣服红色的部分。执行【图像】→【调整】→【色相/饱和度】命令，在弹出的【色相/饱和度】对话框中，设置【色相】值为-40，单击"确定"按钮。

（3）按【Ctrl+B】组合键，打开【色彩平衡】对话框，单击【中间调】单选按钮，设置【色阶】值分别为+50、0、-30，单击【确定】按钮。

（4）按【Ctrl+D】组合键取消选择，然后使用"多边形套索工具"选择人物衣服蓝色的位置。

（5）按【Ctrl+U】组合键，弹出【色相/饱和度】对话框，设置【色相】值为-40，单击【确定】按钮。按【Ctrl+D】快捷键取消选择。

实训二：背景玻璃化效果

在 Photoshop CC 中，制作如图 D-2 所示的"背景玻璃化"效果。

素材文件	素材文件\综合上机实训素材文件\实训二.jpg
结果文件	结果文件\综合上机实训结果文件\实训二.jpg

图 D-2　效果对比

操作提示

在制作背景玻璃化的实例操作中，主要使用了选择工具、玻璃命令等知识。主要操作步骤如下。

（1）使用选择工具，选区人物背景。

（2）执行【滤镜】→【扭曲】→【玻璃】命令。

（3）设置【扭曲度】为20，【平滑度】为5，【纹理】为块状。

实训三：制作海报效果

在 Photoshop CC 中，制作如图 D-3 所示的"海报"效果。

素材文件	素材文件\综合上机实训素材文件\实训三.jpg
结果文件	结果文件\综合上机实训结果文件\实训三.jpg

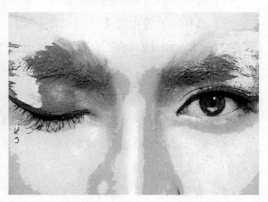

图 D-3　效果对比

操作提示

在制作"海报效果"的实例操作中，主要使用了绘画涂抹和海报边缘等知识。主要操作提示如下。

（1）执行【滤镜】→【艺术效果】→【绘画涂抹】命令。

（2）执行【滤镜】→【艺术效果】→【海报边缘】命令。

实训四：制作艺术效果

在 Photoshop CC 中，制作如图 D-4 所示的"艺术"效果。

素材文件	素材文件\综合上机实训素材文件\实训四.jpg
结果文件	结果文件\综合上机实训结果文件\实训四.jpg

图 D-4　效果对比

操作提示

在制作"艺术"效果的实例操作中，主要使用了渐变颜色的编辑与填充、图层的混合模式、等知识。主要操作步骤如下。

（1）新建图层，填充渐变颜色"色谱"。

（2）设置图层的混合模式为"柔光"。

实训五：制作图案文字

在 Photoshop CC 中，制作如图 D-5 所示的"图案文字"效果。

素材文件	素材文件\综合上机实训素材文件\实训五-1.psd，实训五-2.jpg
结果文件	结果文件\综合上机实训结果文件\实训五.psd

图 D-5　效果对比

在制作"图案文字"效果的实例操作中，主要使用了定义图案命令、图案混合模式等知识。主要操作步骤如下。

（1）打开下载资源中的素材文件"实训五-1"，打开下载资源中的素材文件"实训五-2"。单击打开【编辑】菜单，单击【定义图案】命令。在弹出的【图案名称】对话框输入"纽扣"。

（2）双击【爱的抱抱】文字图层，在弹出的【图层样式】对话框中，单击【图案叠加】选项；设置叠加图案为"纽扣"，【缩放】为25%。

（3）设置图层混合模式为"过滤"模式，并适当调整图层的不透明度即可。

实训六：为图片添加爱心

在 Photoshop CC 中，制作如图 D-6 所示的"为图片添加爱心"效果。

素材文件	素材文件 \ 综合上机实训素材文件 \ 实训六 .jpg
结果文件	结果文件 \ 综合上机实训结果文件 \ 实训六 .psd

图 D-6　效果对比

在制作"云中人"图像特效的实例操作中，主要使用了自定形状工具、画笔工具、描边路径等知识。主要操作步骤如下。

（1）打开下载资源中的素材文件"实训六"，单击【创建新图层】按钮，得到"图层1"。

（2）选择【自定形状工具】，单击属性栏【自定形状】下拉按钮；在打开的【自定形状】拾色器中选择"红心形卡"形状。

（3）隐藏"背景"图层；选择选项栏的【像素】选项，在画面中拖动鼠标创建形状；单击打开【编辑】菜单，单击【定义画笔预设】命令，在弹出的【画笔名称】对话框输入名称"爱心"。

（4）删除"图层1"，显示"背景"图层。选择【画笔工具】。按【F7】键打开"画笔"面板，选择预设的爱心画笔；设置【大小】为70px，【间距】为200%。

（5）单击【形状动态】复选项；设置"大小抖动"为100%，"最小直径"为0%，"角度抖动"10%。

（6）单击【散布】复选项；设置【散布】为160%，【数量】为1，【数量抖动】为0%。

（7）单击【颜色动态】复选项；设置【前景/背景抖动】为5%，【色相抖动】为20%，【饱和度抖动】11%，【亮度抖动】为15%，【纯度】为-3%。

（8）单击【传递】复选项；设置【不透明度】为25%，【流量抖动】为25%。

（9）选择【自定形状工具】，单击单击属性栏【自定形状】下拉按钮；在打开的【自定形状】拾色器中选择"红心形卡"形状。

（10）选择选项栏的【路径】选项，在照片中拖动鼠标，创建出选择的形状路径。

（11）将前景色设置为红色（R255/G0/B/0），打开【路径】面板。右击"工作路径"；在打开的菜单中单击【描边路径】命令。

（12）在弹出的【描边路径】对话框中设置工具为"画笔"，单击【确定】按钮关闭对话框，完成操作。

实训七：制作"发光的荷花"效果

在Photoshop CC中，制作如图D-7所示的"发光的荷花"效果。

素材文件	素材文件\综合上机实训素材文件\实训七.jpg
结果文件	结果文件\综合上机实训结果文件\实训七.psd

图D-7　效果对比

操作提示

在制作"发光的荷花"的图像特效操作中，主要使用了快速选择工具、图层复制、外发光图层样式等知识。主要操作步骤如下。

（1）打开下载资源中的素材文件"实训七"，选择工具箱中的【快速选择工具】 ✏️ ，在荷花位置拖动鼠标左键创建选区，完成选区创建。

（2）按【Ctrl+J】组合键复制图层，对新建图层应用图层样式，勾选【外发光】选项，完成参数设置后，完成发光的荷花效果。

实训八：制作紫色香蕉效果

在 Photoshop CC 中，制作如图 D-8 所示的"紫色香蕉"效果。

素材文件	素材文件＼综合上机实训素材文件＼实训八.jpg
结果文件	结果文件＼综合上机实训结果文件＼实训八.psd

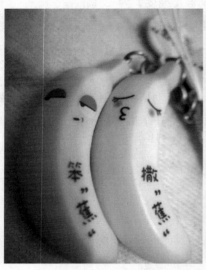

图 D-8　效果对比

操作提示

在制作"紫色香蕉"的实例操作中，主要使用了图像选区的创建与修改编辑、图像色彩调整命令的相关使用等知识。主要操作步骤如下。

（1）打开素材文件"实训八.jpg"，复制【背景】图层，打开【通道】面板，单击选中【红】通道，按【Ctril+I】组合键，执行【反相】命令。

（2）单击选中【绿】通道，按【Ctrl+I】组合键，执行【反相】命令。

（3）单击选中【蓝】通道，按【Ctrl+I】组合键，执行【反相】命令。

（4）切换到【图层】面板中，更改图层混合模式为【色相】，将黄色的香蕉快速调整为紫色即可。

实训九：添加装饰文字

在 Photoshop CC 中，制作如图 D-9 所示的"装饰文字"效果。

素材文件	素材文件＼综合上机实训素材文件＼实训九.jpg
结果文件	结果文件＼综合上机实训结果文件＼实训九.psd

图D-9　效果对比

操作提示

　　在制作"装饰文字"的实例操作中，主要使用了横排文字工具、创建文字变形等知识。主要操作步骤如下。

　　（1）打开下载资源中的素材"实训九.jpg"，选择【横排文字工具】，在选项栏中设置【字体系列】选项为【Impact】，【字体大小】为100点，在图像窗口中输入"beauty"字样。

　　（2在选项栏中，单击【创建文字变形】按钮，设置变形【样式】为【增加】，完成文字效果制作。

实训十：制作双色调效果

　　在Photoshop CC中，制作如图D-10所示的"双色调"效果。

素材文件	素材文件\综合上机实训素材文件\实训十.jpg
结果文件	结果文件\综合上机实训结果文件\实训十.psd

图D-10　效果对比

在制作"双色调效果"的实例操作中，主要使用了自然饱和度命令、色彩模式转换等知识。主要操作步骤如下。

（1）打开下载资源中的素材文件"实训十.jpg"。执行【图像】→【调整】→【自然饱和度】命令，在弹出的对话框中，设置【自然饱和度】为50，【饱和度】为10。

（2）执行【图像】→【模式】→【灰度】命令，扔掉颜色信息。

（3）执行【图像】→【模式】→【双色调】命令，在打开的【双色调】对话框中，设置【类型】为双色调，单击【油墨2】右侧的色块，在打开的【拾色器（墨水2）颜色】对话框中，设置颜色值为棕黄色（R251，G225，B6），完成设置后，单击【确定】按钮，返回【双色调】对话框，为油墨命名为【棕黄色】，单击【确定】按钮，得到的双色调图像效果。

CC
PHOTOSHOP

附录E
知识与能力总复习题1

（全卷：100分　　答题时间：120分钟）

得分	评卷人

一、选择题：（每题2分，共23小题，共计46分）

1. 初次启动Photoshop CC时，工具箱将显示在屏幕左侧。工具箱将Photoshop CC的功能以（　　）形式聚集在一起，从工具的形态就可以了解该工具的功能。

　　A．快捷键　　　　　B．图标　　　　　C．命令　　　　　D．表格

2. （　　）是由联合图像专家组开发的文件格式。它采用有损压缩方式，具有较好的压缩效果，但是将压缩品质数值设置较大时，会损失掉图像的某些细节。

　　A．JPEG格式　　　B．TIFF格式　　　C．GIF格式　　　D．EPS格式

3. 按（　　）组合键，或者在Photoshop CC图像窗口的空白处双击鼠标左键，可以弹出【打开】对话框进行操作。

　　A．Ctrl+T　　　　B．Ctrl+O　　　　C．Ctrl+Alt　　　D．Ctrl+V

4. 在处理图像时，创建多个（　　），可以从不同的角度观察同一张图像，使图像调整更加准确。

　　A．操作窗口　　　B．界面窗口　　　C．视图窗口　　　D．文档窗口

5. （　　）命令会查找与当前选区中的像素色调相近的像素，从而扩大选择区域。该命令只扩大到与原选区相连接的区域。

　　A．扩大　　　　　B．选取相似　　　C．查找选区　　　D．扩大选取

6. （　　）命令适用于刚刚取消的选区，如果取消选区后，新建其他选区，之前取消的选区将不可恢复。

　　A．反向选择　　　B．全选　　　　　C．重新选择　　　D．取消选区

7. 通过【画笔】面板可以进行更丰富的画笔设置。执行【窗口】→【画笔】命令，或按（　　）键，就可以打开【画笔】面板。

　　A．F5　　　　　　B．F2　　　　　　C．F4　　　　　　D．F3

8. 【颜色替换工具】指针中间有一个十字标记，替换颜色（　　）的时候，即使画笔直径覆盖了颜色及背景，但只要十字标记在背景的颜色上，就只替换背景颜色。

　　A．中心　　　　　B．量　　　　　　C．值　　　　　　D．边缘

9. 在【图层】面板中选择一个图层，单击面板顶部的按钮，在打开的下拉列表中可以选择一种混合模式，混合模式分为（　　）组。

　　A．6　　　　　　 B．5　　　　　　 C．4　　　　　　 D．3

10. 如果不需要图层组进行图层管理，可以将其取消，并保留图层，选择该图层组，执行【图层】→【取消图层编组】命令，或按（　　）组合键即可。

A．Shift+Ctrl+G　　B．Shift+ G　　　C．Ctrl+G　　　D．Shift+Ctrl+C

11．快速蒙版是一种临时蒙版，其作用主要是用来创建选区。当退出快速蒙版时，透明部分就转换为（　　），而蒙版就不存在了。

　　A．图层　　　　　B．选区　　　　C．蒙版　　　　D．通道

12．分离通道操作可以将通道拆分为（　　），最大限度地保留了原图像的色阶，因此存储了更加丰富的灰度颜色信息。

　　A．单色文件　　　B．索引文件　　C．灰度文件　　D．黑白文件

13．锚点本身具有直线或曲线属性，当锚点显示为（　　）时，表示该锚点未被选取；而当锚点为黑色实心时，表示该锚点为当前选取的点。

　　A．黑色实心　　　B．白色实心　　C．黑色空心　　D．白色空心

14．在多边形工具选项面板中，勾选（　　）选项后，【缩进依据】和【平滑缩进】选项才可用。

　　A．多边形　　　　B．星形　　　　C．其他　　　　D．五角星

15．点文字的文字行是独立的，即文字行的长度随文本的增加而变长，不会自动换行，因此，如果在输入点文字时，要进行换行的话，必须按（　　）。

　　A．回车键　　　　B．【Alt】键　　C．【Ctrl】键　　D．【Esc】键

16．使用文字工具在文本中（　　），设置文字插入点，执行【文字粘贴Lorem Ipsum】命令，可以使用Lorem Ipsum占位符文本快速地填充文本块以进行布局。

　　A．单击　　　　　B．双击　　　　C．拖动　　　　D．移动

17．（　　）命令是一个简单直观的图像调整工具，在调整图像的颜色平衡、对比度以及饱和度的同时，能看到图像调整前和调整后的缩览图，使调整更为简单明了。

　　A．曲线　　　　　B．变化　　　　C．色彩平衡　　D．色阶

18．直方图左侧代表了图像的阴影区域，中间代表了中间调，右侧代表了高光区域，从阴影（黑色，色阶0）到高光（白色，色阶255）共有（　　）级色调。

　　A．300　　　　　B．250　　　　　C．256　　　　D．255

19．RAW格式是（　　），而且有非常大的后期处理空间。可以理解为，把数码相机内部对原始数据的处理流程搬移到了计算机上。

　　A．有损格式　　　B．无损格式　　C．保护格式　　D．压缩格式

20．水印是一种以（　　）方式添加到图像中的数字代码，肉眼是看不到这些代码的。添加数字水印后，无论进行通常的图像编辑，或是文件格式转换，水印仍然存在。

　　A．色彩　　　　　B．文字　　　　C．随机　　　　D．杂色

21．在叠印套色版时，如果套印不准，相邻的纯色之间没有对齐，便会出现小

的缝隙。出现这种情况，通常采用一种（　　　）技术来进行纠正。

  A．陷印   B．套印   C．重叠   D．叠加

22．制作网页时，通常要对网页进行切片。通过（　　　）切片可以对分割的图像进行不同程度的压缩，以便减少图像的下载时间。

  A．调整   B．收缩   C．优化   D．压缩

23．为了使网页图像的颜色能够在所有的显示器上看起来一模一样，在制作网页时，就需要使用（　　　）。

  A．印刷色   B．专业色谱 C．简单颜色 D．Web 安全色

得分	评卷人

二、填空题：（每空 1 分，共 16 小题，共计 24 分）

1．位图是由像素组成的，在 Photoshop CC 中处理图像时，编辑的就是＿＿＿＿＿。

2．EPS 格式可以同时包含＿＿＿＿＿图形和＿＿＿＿＿图像，支持 RGB、CMYK、位图、双色调、灰度、索引和 Lab 模式，但不支持 Alpha 通道。

3．选择【排列】命令，在子菜单中提供了不同的窗口排列方法，如＿＿＿＿＿、＿＿＿＿＿、＿＿＿＿＿等。

4．拖动选框工具创建选区时，在放开鼠标按键前，按住＿＿＿＿＿拖动鼠标，即可移动选区。

5．＿＿＿＿＿组和＿＿＿＿＿组中的工具可以对图像中的像素进行编辑，常用于图像细节调整。

6．【描边】效果可以使用＿＿＿＿＿、＿＿＿＿＿或＿＿＿＿＿描边图层，对于硬边形状，如文字等特别有用。

7．【分离通道】命令分离通道的数量取决于当前图像的色彩模式。例如，对 RGB 模式的图像执行分离通道操作，可以得到＿＿＿＿＿、＿＿＿＿＿和＿＿＿＿＿三个单独的灰度图像。

8．【椭圆工具】◉可以绘制＿＿＿＿＿或＿＿＿＿＿图形。其使用方法与矩形工具的操作方法相同，只是绘制的形状不同。

9．在输入文字前，需要在工具选项栏或【字符】面板中设置字符的属性，包括＿＿＿＿＿、＿＿＿＿＿、＿＿＿＿＿等。

10．CMYK 代表印刷图像时所用的印刷四色，分别是＿＿＿＿＿、＿＿＿＿＿、＿＿＿＿＿、＿＿＿＿＿。CMYK 是打印机唯一认可的彩色模式。

11．【艺术效果】滤镜组中包含了 15 种滤镜，可以为图像添加具有艺术特色的绘

制效果，可以使普通的图像具有_____或_____的效果。

12. 在 Photoshop CC 的【动作】面板中提供了多种预设动作，使用这些动作可以快速地制作_____效果、_____效果、_____效果和_____效果等。

13.【图层面板】中显示了图像中的所有_____、_____和_____，可以使用图层控制面板上的相关功能来完成一些图像编辑任务，如创建、隐藏、复制和删除图层等。

14. 在图像窗口中创建裁剪框后，可以拖动裁剪框四周的控制点，对裁剪框进行_____、_____、_____等变换操作。

得分	评卷人

三、判断题：（每题 1 分，共 14 小题，共计 14 分）

1. BMP 是一种用于 Windows 操作系统的图像格式，主要用于保存位图文件。该格式可以处理 24 位颜色的图像，支持 RGB、位图、灰度和索引模式。Alpha 通道。（　　）

2. 执行【视图】→【显示】→【网格】命令，或按【Ctrl+ '】快捷键，可以显示或隐藏网格。（　　）

3.【填充】命令可以在当前图层或选区内填充颜色或图案，在填充时还可以设置不透明度和混合模式。（　　）

4.【吸管工具】 可以从当前图像中吸取颜色，并将吸取的颜色作为 Web 色。（　　）

5. 创建填充图层，可以为目标图像添加色彩、渐变或图案填充效果，这是一种保护性色彩填充，会改变图像自身的颜色。（　　）

6. 双击【通道】面板中一个通道的名称，在显示的文本框中可以为它输入新的名称。但复合通道和颜色通道不能重命名。（　　）

7.【直线工具】 可以创建直线，但不能创建带箭头的线段。（　　）

8. 路径文字是指依附在路径上的文字，文字会沿着路径排列，改变路径形状时，文字的排列方式也会随之改变。图像在输出时，路径也会被输出。（　　）

9. 执行【类型】→【替换所有欠缺字体】命令，使用系统中安装的字体替换文档中欠缺的字体。（　　）

10.【图层】面板中有两个控制图层不透明度的选项:【不透明度】和【填充】。（　　）

11. 直方图是一种统计图，展现了像素在图像中的分布情况。（　　）

12.【颜色查找】命令不仅可以制作特殊色调的图像，还可以让颜色在不同的明度之

间进行转换。 （　　）

13.【去色】命令可快速将彩色照片转换为灰度图像，在转换过程中图像的颜色模式也将发生改变。 （　　）

14.【查找边缘】滤镜能快速让图像呈现油画的效果，还可以控制画笔的样式以及光线的方向和亮度，以产生更加出色的效果。 （　　）

15.【裁剪并修齐照片】命令是一项自动化功能，用户可以同时扫描多张图像，然后通过该命令创建单独的图像文件。 （　　）

得分	评卷人

四、简答题：（每题 8 分，共 2 小题，共计 16 分）

1. 在 Photoshop CC 中，如何快速选择细微的毛发？

2. 智能滤镜有什么优势？

附录F　知识与能力总复习题2（内容见下载资源）

附录G　知识与能力总复习题3（内容见下载资源）